纷扰的世界

环境物理性污染科普读物

宋小飞　张金莲　朱海敏　编著

U0396001

华南理工大学出版社
SOUTH CHINA UNIVERSITY OF TECHNOLOGY PRESS
·广州·

图书在版编目（CIP）数据

纷扰的世界：环境物理性污染科普读物 / 宋小飞，张金莲，朱海敏
编著. —广州：华南理工大学出版社，2023.12
ISBN 978-7-5623-7477-0

Ⅰ.① 纷…　Ⅱ.①宋…　②张…　③朱…　Ⅲ.①环境物理学 –
环境污染 – 普及读物　Ⅳ.① X12–49

中国国家版本馆 CIP 数据核字（2023）第 215149 号

FENRAO DE SHIJIE：HUANJING WULIXING WURAN KEPU DUWU

纷扰的世界：环境物理性污染科普读物

宋小飞　张金莲　朱海敏　编著

出 版 人：柯　宁

出版发行：华南理工大学出版社
（广州五山华南理工大学 17 号楼，邮编 510640）
http://hg.cb.scut.edu.cn　E-mail：scutc13@scut.edu.cn
营销部电话：020-87113487　87111048（传真）

策划编辑：吴翠微
责任编辑：洪婉婷　刘　锋
责任校对：盛美珍
印 刷 者：广州市新怡印务股份有限公司
开　　本：787mm × 1092mm　1/16　印张：11.25　字数：176 千
版　　次：2023 年 12 月第 1 版　印次：2023 年 12 月第 1 次印刷
定　　价：45.00 元

前 言

　　人类目前所面临的环境问题，大多涉及物理、化学、生物等各个学科，而环境物理性污染则指与力、热、光、电、磁、声和放射性等物理现象有关的环境污染。

　　环境物理性污染中的力、热、光、电、磁、声和放射性等是自然界中本来就存在着的，并且是人类生存所必需的。例如，优美的音乐给人类带来欢乐、带来生机，光给人类带来丰富多彩的世界，若没有声音，没有光亮，人类世界将是一个死寂的、黑暗的世界，生活在这个世界里的人们会产生恐惧甚至于变得疯狂。在我们日常生活中，机器振动发出声波，电器设备发射电磁波，各种热源释放着热……诸如此类的物理运动充斥在空间内，包围着人群，构成了我们人类生存的物理环境。若这些物理运动的强度超过人的耐受限度，就形成了物理性污染。物理性污染一般是局部性的，在环境中不残留，一旦污染源消除，物理性污染即消失。

　　光污染。光污染指过量的光辐射对人类生活和生产环境造成不良影响的现象，包括可见光、红外线和紫外线等造成的污染。在日常生活中，光污染多为由镜面建筑反光所导致的行人和司机的眩晕感，以及夜晚不合理灯光给人体造成的不适感。光污染是继废气、废水、废渣和噪声等污染之后的一种新型的环境污染，不仅危害人们的身心健康，还会引起一系列生态问题，如影响动物的自然生活规律、辨位能力、竞争能力、交流能力；破坏植物体内

的生物钟节律，影响植物花芽的形成、植物休眠和冬芽的形成；影响候鸟的正常飞行状态进而致其迷失方向等。

噪声污染。广义上讲，生命体所不需要的声音统称为噪声。噪声来源于自然界和人类活动两个方面，但自然界产生的噪声，比如蛙鸣鸟叫、刮风下雨、惊涛拍岸产生的声音，是人类无法通过管控手段消除的。从环境保护的角度看，营造一个有利于人们工作、学习和休息的良好声环境，重点是管理在工业生产、建筑施工、交通运输和社会生活等人为活动中产生的干扰周围生活环境的声音，如工厂机器轰鸣声、建筑施工夯打桩声、机动车疾驶轰鸣声、广场舞音响喇叭声等。在此基础上，噪声污染是指超过噪声排放标准产生噪声并干扰他人正常生活、工作和学习的现象或者未依法采取防控措施产生噪声并干扰他人正常生活、工作和学习的现象。随着我国经济的快速发展和城市化进程的加快，工业生产、交通运输、建筑施工、商业活动等产生了大量的噪声污染问题，噪声污染的投诉和举报越来越多，环境噪声污染已经成为当代主要公害之一。

电磁辐射污染。电磁辐射由空间共同移送的电能量和磁能量所组成，而该能量是由电荷移动所产生。天然电磁辐射源主要有雷电电磁脉冲、静电放电、太阳黑子活动、宇宙间的恒星爆发等。常见的人工电磁辐射源则有各类通信设备、雷达、电视和广播发射装置、工业用微波加热和干燥设备射频感应及介质加热设备、电磁医疗和诊断设备、高压输变电装置和家用电器等，它们均可产生各种形式、不同频率、不同强度的电磁辐射。其实人类一直都生活在电磁辐射环境中，因为地球本身就是一个大磁场，它表面的热辐射和雷电都可以产生电磁辐射。电磁辐射普遍存在，且大多数情况下是安全的，只有在过量的电磁辐射照射下，客体才会出现电磁辐射污染。因此，电磁辐射污染是指电磁辐射对环境造成的各种电磁干扰和对人体有害的现象。电磁辐射对人体的危害程度随波长而异，波长愈短对人体作用愈强。信息化时代，不同频段的人为电磁辐射在大强度与长时间的作用条件下，会对人体产生病理危害。

放射性污染。辐射可分为电离辐射和非电离辐射。其中，电离辐射通常又称放射性，是一切能引起物质电离的辐射总称；非电离辐射是指能量比较低，并不能使物质原子或分子产生电离的辐射，包括低能量的电磁辐射（如中低频紫外线、可光线、红外线、微波及无线电波等）。放射性污染物质种类很多，如高速带电粒子有α粒子、β粒子、质子，不带电粒子有中子以及X射线、γ射线等。放射性物质的危害表现在时间上，可分为长期效应和短期效应；表现在结果上，可改变正常血相、导致脱发、导致不育、致癌、致畸、致突变等。国家标准规定，所有放射性工作场所及放射源的包装容器上都必须有警示标志。

振动污染。振动是宇宙普遍存在的一种现象，总体分为宏观振动（如地震、海啸）和微观振动（如基本粒子的热运动、布朗运动）。生活中一些振动拥有比较固定的波长和频率，一些振动则没有固定的波长和频率。两个物体，其中一个物体振动时能够让另外一个物体产生相同频率的振动的现象叫作共振。目前，振动原理广泛应用于音乐、建筑、医疗、制造、建材、探测、军事等行业。振动污染是指振动超过一定的界限，轻则对人们的生活和工作环境形成干扰、降低机器及仪表的精度，重则危害人体健康、引起机械设备及土木结构的破坏的现象。常见的振动污染主要来自工业生产设备的运行过程，如工业生产中的冲压、锻打，以及公路和轨道交通运输等。此外，振动还将形成噪声源，以噪声的形式影响或污染环境。

热污染。热污染是指自然因素和人类活动中的热排放导致环境温度异常升高，破坏环境温度的稳定和平衡，对人类和其他生物、对环境、对气候造成不良影响的一种物理性污染现象。热污染现象，古来有之。在古代，热污染主要是自然因素造成的，对环境温度的影响不明显。到了近代，伴随科学技术的进步和社会生产力的发展，人类消耗的能源越来越多。在能源转化和消费过程中，一部分能源转化为有用功，为人类服务；另一部分成为废热，排放到空间环境里，造成环境温度的异常升高，导致固有的热污染进一步加剧。热污染可以污染地球的大气循环和水循环系统，从而加剧全球气候变暖。

物理环境中的热、光、电、磁、声和放射性等只有在过高或过低时才成为问题。因此，本书除了介绍环境物理性污染的基本知识外，更重要的是普及日常生活中各种物理性污染的科学防护常识，创造适合人们生产生活的物理环境。即在这样的热、声、光、电磁环境中，人们感到愉快、充满生机。

编者

2023年12月

目 录

第一篇 光

对于光，相信大家再熟悉不过了，如阳光、月光、灯光等。我们从小学科学课开始接触光学，开启对光的科学认识。光的现象很多，例如折射、反射、衍射等，其亦在科学技术、生产和生活中有着广泛的应用。在光给我们的生活带来便利的同时，大家是否曾注意到过量的光所带来的危害？

华灯溢彩，霓虹闪烁，近年来，我们的城市更亮了，夜色更美了。大家在感叹夜晚唯美景色的同时，是否想到过这些璀璨的灯光也会给人们的生活带来一些不利影响？又或者，当我们在进行书面阅读的时候，是否想到过书籍纸张的颜色会对自己的视力有影响？

洁白的书籍纸张的光反射系数高达90%，比草地、森林或毛面装饰物的光反射系数高10倍左右。白纸光污染可对人眼的角膜和虹膜造成伤害，并抑制视网膜感光细胞功能的发挥，引起视疲劳和视力下降。

一　光环境与光污染

光是一切生物赖以生存的重要环境条件。对于人类来说，光和空气、水、食物一样，是不可缺少的。

"昼短苦夜长，何不秉烛游。"自古以来，人们就向往光明，希望以烛光扫去夜晚的寂寞，延长白天的喧闹。

太阳是天然光环境的光源。地球的运动和气象现象带来的昼夜交替及阴晴变化都是人们习惯的天然光环境。

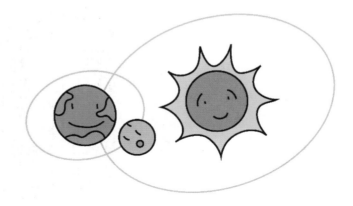

白炽灯的发明，创造了现代人工光环境，方便了人们夜间的工作和生活。漆黑的夜晚，空间中有了光，人眼才能发挥视觉功效，才能在空间中辨认人和物体的存在；没有光，人的视觉功能就无从谈起。

然而，现代社会，光照的不合理使用带来了一种可怕的灾难——光污染。光污染问题最早于20世纪30年代由国际天文界提出，他们认为光污染是城市室外照明使天空发亮对天文观测所造成的负面影响，后来英美等国称之为"干扰光"，日本则称之为"光害"。

从一般意义上讲，光污染是指现代城市建筑和夜间照明产生的漫散光、反射光和眩光等对人、动物、植物造成干扰或负面影响的现象，是继废气、废水、废渣和噪声等污染之后的一种新型的环境污染。

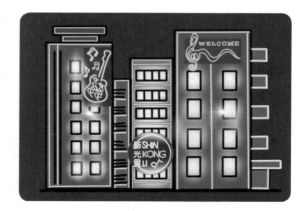

二 光污染的分类

国际上一般将在城市区域范围内常见的光污染分成3类：白亮污染、人工白昼、彩光污染。

白亮污染

阳光照射强烈时，城市建筑物的玻璃幕墙、釉面砖墙、磨光大理石及各种涂料装饰常反射耀眼光线，明晃白亮，眩眼夺目。

人工白昼

夜幕降临后，一些商场、广场、酒店等场所的广告灯、霓虹灯以及为美化城市夜景而由人工布置的各种照明灯、泛光灯等闪烁不停，有些强光束甚至直冲云霄，使得夜晚如同白昼。

彩光污染

　　舞厅、夜总会安装的黑光灯、旋转灯、荧光灯以及闪烁的彩色光源构成了彩光污染。

　　近年来，红外线、紫外线、激光等的不断开发与利用，在一定程度上也造成了红外线污染、紫外线污染以及激光污染。

　　以红外线污染为例，红外线是频率介于微波与可见光之间的电磁波，是电磁波谱中频率为0.3～400太赫兹（Tera Hertz，THz），对应真空中波长为750纳米～1毫米辐射的总称。它是波长比红光长的不可见光，在通信、探测、医疗、军事等方面有着广泛的用途。

 红外夜视仪——黑夜中的眼睛

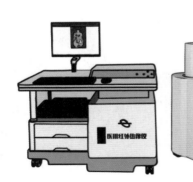

医用红外热像仪，疾病诊断的好帮手！

随着红外线应用的日益广泛，红外线污染问题也随之产生。

红外线是一种热辐射，对人体可造成高温伤害。较强的红外线可造成皮肤伤害，其情况与烫伤相似，最初是灼痛，然后是造成烧伤。红外线对眼睛可造成的伤害有几种不同情况，如表1-1所示。波长为7 500～13 000埃（Å）的红外线对眼角膜的透过率较高，可致使眼底视网膜受损害。尤其是11 000埃左右的红外线，可使眼的前部介质（角膜晶体等）不受损害而直接造成眼底视网膜烧伤。波长19 000埃以上的红外线，几乎全部被角膜吸收，会造成角膜烧伤（混浊、白斑）。波长大于14 000埃的红外线的能量绝大部分被角膜和眼内液吸收，透不到虹膜。只有13 000埃以下的红外线才能透到虹膜，造成虹膜伤害。人眼如果长期暴露于红外线下，可能会引起白内障。

表1-1　红外线对眼睛可造成的伤害

红外线波长/Å	对眼睛的伤害
7 500～13 000	视网膜受损害
11 000	眼底视网膜烧伤
13 000以下	虹膜受损害
19 000	角膜烧伤

注：1 Å=10^{-10} m=0.1 nm。

请问用红外测温仪测量体温对身体有害吗？

用红外测温仪测量体温对人体没有危害。当物体温度处于绝对零度以上时，因为内部带电粒子的运动，其将以不同波长（涉及紫外、可见、红外光区）的电磁波形式，向外辐射能量。物体的红外辐射特性——辐射能量的大小及其按波长的分布，与它的表面温度有着十分密切的关系。红外测温仪是通过接收目标物体发射、反射和传导的红外能量来测量目标物体的表面温度的。红外测温仪内的探测元件将采集到的能量信息输送到微处理器中进行处理，然后转换成温度读数以显示出来。因此，红外测温仪本质上是一个接收信号而不是发出信号的设备，并不是对人体发射红外线，而是接收我们身体发出的红外线热辐射，所以不会对我们的身体造成伤害。

三 光污染的危害

作为一种新型污染，光污染的危害是多方面的。

（一）影响天文观测

光污染首先破坏了幽美的城市夜空，使天文观测深受其害。在夜晚天空不受污染的情况下，天空中可看到的星光的星等值接近7等，能看到的星星大约有7 000颗；而在一些光污染特别严重的大城市市区，只能看到2等的星光，看到的星星只有20～30颗。因此，国内外不少天文台被迫迁址。光污染还使天文望远镜"贬值"，如今一台价值5亿元的4m口径的大型望远镜的使用价值只相当于原来天空亮度背景下的价值2 000万元的1m口径的望远镜。

市内　　　郊区　　　　山区农村　　　黑暗天空

星等是天文学上对星星明暗程度的一种表示方法，通俗地讲，星等值越小，星星就越亮；星等值越大，星星就越暗。

（二）导致交通安全隐患

光污染对陆地交通的影响，主要是指室外夜间照明产生的干扰光（特别是眩光），对汽车、火车甚至飞机的驾驶员的视觉作业造成不良影响，降低驾驶员的工作效率，引发交通事故，威胁人们的生命安全。

公路上巨幅广告牌的铁皮、玻璃幕墙等有可能产生强烈反射眩光，致使驾车行驶中的司机猝不及防地遭到反射光的突然袭击，眼睛因受到强烈刺激甚至出现短暂"失明"，成为交通安全的一大隐患。

机场照明系统十分复杂和严格，特别是飞机降落时，驾驶员按规定的下降角度飞进机场跑道，这时飞机驾驶员有可能受路灯、障碍灯、广告灯和其他灯光的干扰，在心理或生理上产生高度的紧张感，以致干扰正常工作而产生误操作，后果极为严重。

光污染同样会对为交通运输作业提供视觉信息的信号灯、海上和江河湖道水上灯塔和灯光标识等的正常工作产生影响，降低它们的工作效能。

虽然随着电子技术的发展，车辆、轮船上已安装了不少先进的视觉信息采集设备，但是仍有大量的信息需依靠人眼观察而获取得到。因此，排除光对交通信息源的影响，成为解决光污染对陆地和水上交通影响的重点。

（三）对居民区环境和安全的影响

在居民区附近的玻璃幕墙，会将光反射到周围的建筑上。镜面建筑物玻璃的反射光进入到室内，会破坏室内的良好气氛，也能使室温平均升高4～6℃，对人类居住的环境产生较大的影响。另外，有些弧形玻璃幕墙的反射光汇聚后可酿成火灾，特别是盛夏时节，其汇聚焦点的温度甚至可达70℃以上，容易引起易燃物燃烧。1987年，德国柏林出现了一场奇特的大火，究其原因，就是设计不当的玻璃幕墙将阳光汇聚到一点而引起幕墙对面居民区发生火灾的。

（四）对人体健康的影响

光辐射的穿透性不强，因此一般直接受损伤的是人的眼睛和皮肤。如长期在白色亮光下活动和工作的人，像警察和司机，应该戴上太阳镜，否则不仅视力会下降，还易患白内障等眼病。

生活中，五颜六色的灯光除对人的视力危害甚大外，还会干扰人类大脑中枢神经系统的正常运作。据测定，黑光灯所产生的紫外线强度大大高于太阳光中的紫外线，且对人体有害影响持续时间长。人体如果长期接受这种照射，可诱发流鼻血、脱牙、白内障等，甚至导致白血病和其他癌变。彩色光源让人眼花缭乱，不仅对眼睛不利，而且干扰大脑中枢神经，易使人感到头晕目眩，出现恶心呕吐、失眠等症状。科学研究表明，彩光污染不仅

会损害人的生理功能，还会影响人的心理健康。在缤纷多彩的灯光环境里呆久了，人们或多或少会在心理和情绪上受到影响，比如在刺目的灯光下，人常感到紧张等。

光污染对婴幼儿及儿童影响更大，较强的光线会削弱婴幼儿的视力，影响儿童的视力发育。更有卫生专家认为，形成近视的重要原因是视觉环境，而不是用眼习惯。

（五）对生态环境的危害

光合作用是植物生长的动力，充足的光照是植物正常生长的前提，但过多的城市照明所引起的光污染对植物的生长反而可能会是一种威胁。有研究表明，过多的红光照射将使植物变得细小；如果每天接受光源照射的时间超过临界值，有些植物就不会开花，而有些植物只开花不结果。

另外，除极少数习惯在夜间活动的动物外，大多数动物在晚上安静不动，且不喜欢强光照射。光污染打乱了动物昼夜生活的生物钟节律，受影响的动物昼夜不分，活动能力出现问题。

由于昆虫的向光性，室外夜间灯光可吸引大量的昆虫聚集，特别是进入产卵期时，大量昆虫集中在照明区域，虫卵很快就会在这片区域内大规模变成幼虫和成虫，进而引起虫害。

由于把灯火通明的陆地误当作海洋，趋光的小海龟迷失方向，进而因长时间缺水而死亡。

我国古代就有"飞蛾扑火"的说法。在光源的刺激下，许多动物会产生定向运动，不少益虫和益鸟因直接扑向灯光而丧命。因而，光污染也威胁着无数生物的生命安全。

灯光过多、过亮产生光污染，还造成能源浪费，影响城市环境。我国照明耗电量高，其中一部分仍然需靠火力发电，而火力发电中绝大一部分是使用燃煤的方式，这种发电方式会产生大量的二氧化碳和二氧化硫等废气。因此，城市照明引起的光污染，不仅耗电过多，也消耗了自然资源，污染了自然环境。

四 光污染的防治措施

没有光线就没有色彩，世界上的一切都将是漆黑的。同时，光对环境的污染也是实际存在的，它的危害显而易见，并在日益加重和蔓延。因此，人们在生活中应注意避免过长时间接触光污染，防止各种光污染对健康产生危害。防治光污染的措施有哪些呢？

（一）大力宣传光污染的危害，提高大众对防治光污染的意识

相关部门应围绕光污染防治开展宣传活动，大力宣传光污染的危害，提高大众对防治光污染的意识，增强民众自我防护意识，避免光污染伤害。

（二）建立和健全监管体制，通过立法从根本上约束光污染行为

（1）建立健全相关全国普适性法律。我国目前有关光污染防治的全国普适性法律规定有：①《中华人民共和国宪法》第二十六条；②《中华人民共和国环境保护法》第四十二条；③《中华人民共和国民法典》第一千二百二十九条。

（2）创建相关国家标准和国家行业标准。我国近三年（截至2022年）有关光污染防治的国家标准和国家行业标准有：①《建筑环境通用规范》（GB 55016—2021）；②《城市照明建设规划标准》（CJJ/T 307—2019）。

（3）构建相关地方性法规、规章。2004年，上海制定了地方标准——《城市环境（装饰）照明规范》，该标准于2004年9月1日起正式实施，被誉为上海市乃至全国范围内首部限制光污染的地方性标准。

2014年5月1日，《广州市户外广告和招牌设置管理办法（修订）》正式实施。"限LED令"是此次修订的亮点之一。根据《广州市户外广告和招牌设置管理办法（修订）》第十二条，以LED（发光二极管）户外电子显示屏形式设置的户外广告和招牌应遵守以下规定：禁止在户外广告专项规划确定的禁设区和严控区内设置（公共信息电子显示屏除外）；在多层建筑墙身设置的，其上沿距离地面不得超过35米；在高层建筑裙楼墙身设置的，不得超过建筑主体"女儿墙"（建筑物屋顶外围的矮墙）的上沿；禁止在朝道路与来车方向呈垂直视角的方向设置；禁止每日22:30至次日7:30时间范围内开启。

我国目前已有诸多地方性法规对防治光污染这种环境污染作出了明确的规定，这些实际上是依据宪法及有关民法、环境法等法律的立法目的及宗旨，针对实际情况及社会的发展，在不违背法律的前提下，对相关法律及时设立的补充性地方性法规规章，非常符合社会的发展需要。

（三）研发低污染产品

研发低污染产品主要指科研人员在科学技术上探索有利于减少光污染的方法。例如，科研人员发明能够让街道和建筑的照明设备发出的灯光向下照射，而非照向天空的新技术。

（四）增强自我防护

个人如果不能避免长期处于光污染的工作环境中，应该考虑到防止光污染的问题，采用个人防护措施，如戴防护镜、防护面罩，穿防护服等。把光

污染的危害遏止在"萌芽"状态。已出现症状的应定期去医院眼科做检查，以防为主，防治结合。

在我们面临的各种污染当中，光污染大概是最容易被化解的。照明设计与安装方法稍作改变，进入大气层的光线量就会出现立竿见影的变化，在节能方面通常也可展现出一定的正面效用。

迄今为止，遏制光污染的工作已在全世界得到推广，越来越多的城市或国家都在致力于减少不必要的强光。国际暗天协会（International Dark-Sky Association，IDA）是一个总部设在美国亚利桑那州图森的国际性非营利组织，一直致力于光污染危害及其防治的研究和宣传，倡导和普及有关良好照明的知识，力图号召人们一同防止和改善光污染对夜间环境的不利影响，保护城市和自然界的夜间环境，使暗夜星空留存。IDA目前拥有来自全世界70多个国家的1万多名会员，其中包括天文台、业余天文俱乐部、照明公司、市政机构等团体会员。IDA亦是世界范围内第一个加入暗天运动的组织，也是最大的组织。中国生物多样性保护与绿色发展基金会（简称"中国绿发会""绿会"）星空工作委员会自2015年9月成立以来，也一直在为推动我国的暗夜星空保护事业发展不懈努力。2018年3月，西藏阿里、那曲暗夜星空保护地被正式收录入世界自然保护联盟（IUCN）暗夜顾问委员会"世界暗夜保护地名录"，成为中国首批得到国际组织认可的暗夜保护地。

走进生活

（一）控制室内光污染的小妙招

现实生活中，为有针对性地防治室内光污染，必须首先找出光污染的源头。室内光污染的成因主要可概括为三个方面：①室内装修采用镜面、釉面砖墙，磨光大理石以及各种涂料等装饰而引起光线反射，明晃白亮，眩眼夺目；②室内灯光配置设计得不合理，致使室内光线过亮或过暗；③夜间室外照明，特别是建筑物的泛光照明产生的干扰光，有的直射至人的眼球上造成眩光，有的通过窗户照射到室内，把房间照得很亮，影响人们的正常生活。上述原因导致室内产生了不同程度的眩光，引起了严重的光污染，影响了人们的视觉环境，进而威胁到人类的健康生活和工作效率。

眼睛是人体最重要的感觉器官，人眼对光的适应能力较强，其中瞳孔可随环境的明暗进行相应的调节。但如果长期在弱光下看东西，人的视力就会受到损伤；而强光可使人眼瞬时失明，重则造成永久伤害。因此，人们必须在适宜的光环境下工作、学习和生活。控制室内光污染的小妙招如下：

1. 合理选择及布置室内光源

室内一些常用光源的照明亮度和眩光效应各不相同，其中柔和白炽灯、镜面白炽灯以及荧光灯的眩光效应比较弱，因此室内起主要照明作用的大灯应多采用此类冷色调光源，小区域可以使用暖光灯或台灯。

布置室内光源时要先认真考量，使光源合理分布。顶棚光照明亮，会使人感到空间增大，明快开朗；而顶棚光线暗淡，

则会使人感到空间狭小、压抑。

在光线照射方向和强弱的安排上要合理，应避免直射人的眼睛。人眼感觉到的眩光与光源所在的位置有很大关系，有关资料表明，人的视线方向与光源的夹角越小，人眼所感觉到的眩光就越强，当视线方向与光源的夹角超过60度时，人眼感觉到的眩光就非常微弱了。

2. 选用适宜的装修装饰材料

在保证室内合适照度的前提下，尽量避免使用反射系数较大的装饰材料。如地砖可选用哑光砖，其光反射系数比抛光砖的更低，若选用了抛光砖，室内应尽量开小灯。室内装修粉刷墙壁时，适当用一些浅色，主要是米黄、浅蓝等，代替刺眼的白色，以减弱室内的反射眩光。有强光照射的窗户可以设置双层窗帘，一层专用遮光，一层普通窗帘，确保夜间室内无强光照射。

3. 于室内摆放绿植

在室内适当位置摆放上一些绿色植物，不仅可以适当调节和改善室内的光环境，同时也能使人感到心情舒畅。

（二）消失的夜晚——不夜城

随着照明技术的迅速发展，城市的夜晚里，玻璃幕墙和LED照明灯的应用越来越广泛，打造出了一座又一座的"不夜城"，然而充斥在"不夜城"大街小巷的跑马灯牌、建筑幕墙的反射眩光以及过量的景观照明却让"光污染"成为一种新型环境问题。

每点亮一座城市，就"熄灭"了一片天空，对于居住在城市的人们来说，仰望星空似乎已然成为一种奢望。古代的夜晚繁星满天，现在的夜晚却是"繁星满地"——城市灯光灿烂，肉眼望天，天上星星却似乎寥寥无几，就好比本该出现在天上的星空却被人类搬到了陆地，潜移默化地形成了所谓的"现代人的繁星"。随着我国城市化进程的加快，城市夜间照明范围大大扩大，如今的城市光污染不仅影响着大城市的居民，也影响到距离光源数公里的偏远地区的居民，暴露于城市光源下的人数急剧增加。长期暴露在各种人造光下，我们的身体还承受得住吗？据报道，夜班工人频繁暴露于较亮人造光中，发生昼夜节律紊乱和冠心病的风险较高。最新研究成果还发现，夜间长期暴露于室外人造光与葡萄糖代谢紊乱和糖尿病的患病风险增加有关。

日升月下，在地球24小时的昼夜循环规律下，包括哺乳动物在内的大多数生物形成了内源性的昼夜循环系统。日出而作，日落而息，当许多人在为美丽的城市夜景而骄傲感叹时，往往未能考虑到这些所谓的"不夜城"对环境的危害和对人体健康的伤害。人类掌握照明手段的初衷是为了方便夜间生活、丰富夜间活动，但"不夜城"不能改变"夜"的本质，人类需要

"息"的空间。

减少光污染将是一场双赢的改革，它不仅可以避免光污染对人类可能造成的生理性伤害，还可以减少能源浪费。作为普通民众，一方面要学会保护自己，不在光污染地带滞留；另一方面尽量减少室内光污染，晚上10点后关掉一些灯或调低室内亮度，使体内褪黑素水平逐步提高，为睡眠做好准备。

（三）合理使用远光灯

有些污染问题，由于没有对人体健康造成直接的、短期可以感知到的严重损害，所以并不太能引起人们的关注——比如灯光，再具体一点，比如说被滥用的远光灯。生活中，许多车主在非必要时乱开远光灯，常导致城市道路光污染严重，不仅影响了行人和车辆的安全，而且极易造成交通事故。

人眼有两类感光细胞，即视锥状细胞和杆状细胞，两者分别用于适应明暗两种不同环境，当环境光线发生变化时，两者则交替工作。夜晚，人从室外进入灯光明亮的房间，或从明亮的房间走到室外，眼睛常会有几秒钟看不见东西，这是两种视觉细胞在"转换职责"的瞬间发生的现象。明暗突然交替，它们来不及适应，人就会感觉不舒服，尤其在黑暗环境下，人的瞳孔放得很大，突遇强光，瞳孔来不及闭合，大量强光线进入眼内，易造成眼损伤。若在黑夜环境中，明暗交替出现的强光轮番刺激眼底，人的视网膜神经会迅速陷入疲劳状态，甚至引发视力下降，并导致神经调节系统出现某种紊乱。

在人类这样的生理机制背景下，远光灯的优点是提升环境亮度，扩大人眼可视距离，但在如今的城市道路条件下，滥用远光灯所可能产生的危害也同样需得到重视。第一，容易致人目盲、眩晕，甚至严重影响视力；第二，驾驶者对速度和距离的感知力会下降；第三，后车照到前车，前车司机对宽度的判断能力准确性会下降。举个例子，会车时远光灯使对方驾驶员因眼睛受刺激而生理性地瞬间闭眼，或看不清暗处的障碍物，轻则影响车辆正常行驶，重则会引发交通事故。

对于正处于生长发育期的儿童来说，光污染更容易使他们受到伤害。因为儿童的年龄越小，眼睛的晶状体越清澈透明，对强光更加敏感，强烈的日光、灯光、激光都可能伤害到其角膜。且儿童的身高往往与车灯的高度大致齐平，远光灯光线平行射出，光强大，射线集中，对大人来说只是感觉晃眼，但由于幼儿对于世界的好奇心更甚，很多时候看到光线照射过来，他们会带着强烈好奇心去观察，以此愈是加深了灯光对其眼睛的伤害，甚至使其角膜直接被灼伤。

国家道路安全法对何种情况下不能使用远光灯有明确规定，在远光灯泛滥的今天，我们更要从道德上约束自己，为了他人和自身的平安幸福，拒绝远光灯污染。

（四）睡觉请关灯

生活中，有些人喜欢开灯睡觉，殊不知深夜这一束束灯光也会给身体健康带来各种各样的危害。

1. 开灯睡觉危害之一：降低免疫力

人的大脑中有个内分泌器官叫松果体，它的主要功能之一就是于夜间人体进入睡眠状态时，分泌大量的褪黑素（深夜11点至次日凌晨期间的分泌最为旺盛）。褪黑素的分泌，不仅可以抑制人体交感神经的兴奋性，使血压降低、心跳速度减慢，同时也能让人的心脏得以休息，进而增强机体免疫力，消除疲劳。松果体有一个特点，就是当眼球见到光亮时，就会停止褪黑素的分泌。若人们开着灯睡觉，即使睡着了，且眼皮遮挡掉一部分的光线，眼球

仍然是能够感受到光的存在的，褪黑素的分泌就会减少或者停止，久而久之，人的免疫力就会降低。

医学研究发现，正常人每天体内会产生约400个肿瘤细胞，为防止其病变，身体的免疫力发挥了极大的作用。如果褪黑素分泌不足或没有分泌，那么身体中的癌细胞和肿瘤细胞就会飞速地裂变、生长，对DNA（脱氧核糖核酸）的破坏力就会成倍地上升，使人们患上癌症的概率大大增加。

2. 开灯睡觉危害之二：引起儿童性早熟

人体激素的分泌也有生理节律，如雄激素在早上七八点时达到分泌值的最高点，灯光会对此产生影响。临床医学发现，有不少习惯开灯睡觉、长时

间玩电脑、接受光照过度的孩子容易性早熟，这是因为光线照射时间过长，使得褪黑素分泌减少，睡眠紊乱，可能导致卵泡刺激素提前分泌，从而进一步导致性早熟或性器官提前发育。

3. 开灯睡觉危害之三：使人出现眼疾

晚上开灯睡觉会导致瞳孔不能得到应有的放松和休息，尽管人在闭眼时，眼皮能起到遮蔽光线的作用，可是如果人工光源太亮，光线就会穿透眼皮，瞳孔也会感觉受光，由此自律神经无法让瞳孔放松休息，不仅导致睫状肌一直处于紧张状态，还会使受自律神经控制的其他组织持续紧绷，容易导致人的视网膜损伤和视力下降，同时增加患白内障和青光眼的风险。

不少刚做父母的年轻人，经常会为了方便照顾婴幼儿，晚上一直开着灯，这一做法使得入睡后的婴幼儿被动地接受了"光污染"。过强的光线不但会降低婴幼儿的免疫力，更会对婴幼儿的视力造成伤害。眼科专家认为，2～3岁是婴幼儿视力发育的关键时期，这段时期内应尽量避免使其眼部受到光线的明暗刺激。尤其在其睡眠时应加以注意，否则极易对婴幼儿造成视网膜的损害，影响其视力的正常发育，使其增加罹患近视的概率。研究发现，儿童两岁前若是长期夜间睡在黑暗的房间，长大后患近视的概率约为10%；若是睡在有小夜灯的房间，患近视的概率约为34%；若是睡在开着大灯的房间中，患近视的概率则高达55%。

儿童预防近视，除了少看电视、少用计算机、多吃护眼食品、科学用眼和常做眼保健操以外，还有什么好方法呢？

在孩子睡觉时关闭卧室内的灯源！

4. 开灯睡觉危害之四：影响儿童身高

人体的生长激素分泌水平是由脑垂体决定的，在睡眠状态下其分泌水平比清醒状态时多1倍。因此，对生长发育期的青少年儿童及幼儿而言，保证充足的睡眠十分重要，因为人体的生长激素有助于人的生长发育，包括长高。

机体对白天黑夜的区分是通过我们的下丘脑的视交叉上核——松果体对光线进行感受来实现的，也就是人们常说的"生物钟"。其通过对光线的明暗判断来控制"生物钟"的节律，通过"生物钟"的节律来控制我们的生理节律。因此，开灯睡觉对于机体分泌生长激素而言是不利的，会减慢孩子的发育速度，导致孩子身高受到影响。

温馨提示

夜间入睡时，应尽量处于黑暗的环境中。把窗帘拉上，必要时需戴上眼罩。若晚上必须开灯睡觉，尽量选择暖色系（如橙色或红色）灯光的小夜灯，因为暖色系灯光线柔和且对身体带来的伤害小。另外，白天要补充足够营养，多吃含花青素和维生素的食物，如新鲜蔬菜、水果和粗粮。

第二篇 声

在日常生活中，我们每时每刻都能听到各种各样的声音，如人行走的脚步声、交谈的说话声、风的呼啸声、流水的潺潺声、汽车的行驶声、机器的运转声……总之，不管在什么地方或者做什么工作，总有各种不同的声音伴随着我们。

一 声音的产生

我们用鼓槌敲鼓，就会听到鼓声。如果这时去摸鼓面，我们便可感受到鼓面在振动。如果用力压住鼓面，使其停止振动，我们则会发现鼓声也随之暂停了。这里便是验证了一个概念——声音是由物体振动而产生的。

话不说不明，鼓不敲不响。

我们把振动发声的物体，叫作声源。不只是固体振动会产生声音，气体和液体振动也会发声。例如，笛声就是笛子管内的空气柱振动的结果；海水的波浪声就是海水振动的结果。

新奇的发声现象

蜜蜂	笛子	蝉
翅膀	空气	鼓膜
吉他	蟋蟀	山泉
琴弦	前翅	水流

 声音的传播

如果把一个闹钟放在有抽气机作用下的一个玻璃罩内，当罩内空气未被抽走时，闹钟的嘀嗒声清晰可闻；随着空气逐渐被抽走，闹钟的嘀嗒声将逐渐减弱；当空气被抽尽，即玻璃罩内被抽成真空时，闹钟的嘀嗒声也就听不见了。

以上事实说明，声音可以在空气中传播，而无法在真空中传播。

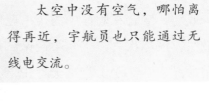

太空中没有空气，哪怕离得再近，宇航员也只能通过无线电交流。

声音不仅可以在空气中传播，也可以在固体和液体里传播。

嘘……你们把鱼都吓跑啦！钓鱼时要保持安静！

声音的传播需要介质。声源振动发声，如没有介质传播，我们也无法听到。

1. 声波

声音本质上是由物体振动产生的一种波，叫作声波。

2. 声速

声音传播速度的快慢即声速，数值上等于声波每秒传播的距离，通常用字母c表示，其单位是m/s。在不同介质中，声速的数值也有所不同。一般地，声音在固体中的传播速度最快，液体次之，气体中最慢。如在常温（20℃）、标准大气压下，空气中声速为340 m/s，而在水中是1 450 m/s，在钢铁中是5 000 m/s。

表2-1　不同介质中的声速

介质	声速/m·s⁻¹
空气（0℃）	331
空气（15℃）	340
空气（25℃）	346

声速不仅跟介质的种类有关，还跟介质的温度有关。如表2-1所示，声速随着介质温度的升高而增大，例如空气温度每增加1℃，声音在空气中的传播速度将大约增加0.6 m/s。

3. 频率

声音作为一种波，是具有频率这个属性的，它代表着一秒钟之内波振动的次数，频率的单位用赫兹（Hz）来表示。比如10Hz就表示这种声波在一秒钟内振动10次。频率越高，我们听到的声音的音调就会越高，比如歌手唱歌唱到高音部分的时候音调就比较高。

你有这样的疑问吗？

当蜜蜂或蚊子从你耳边飞过时，明显能听到它们发出的声音，但是蝴蝶的翅膀比蜜蜂和蚊子的大得多，当蝴蝶从你耳边飞过，你却听不见它的声音，由此你想到了什么？

不是所有的声源振动下所发出的声音我们都可以听见！

地震之前，蛇、鼠等都会出洞，许多动物都表现为烦躁不安的状态，而我们人类却毫无感觉，这又是什么原因呢？

可能地震前环境中发出了我们人耳听不见但动物能听见的声音。

看看下图，你有什么发现？

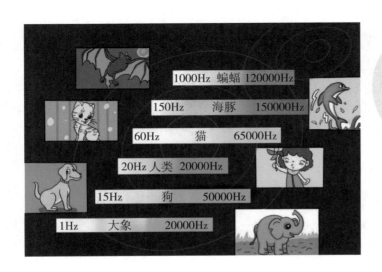

1000Hz 蝙蝠 120000Hz
150Hz 海豚 150000Hz
60Hz 猫 65000Hz
20Hz 人类 20000Hz
15Hz 狗 50000Hz
1Hz 大象 20000Hz

一些动物能听到人耳听不见的声音！

正常人耳能够识别的频率范围在20～20 000 Hz之间，低于20Hz或高于20 000 Hz的声波我们是听不到的。频率低于20 Hz的声波称为次声波或超低声；频率高于20 000 Hz的声波称为超声波。

在声音的世界里，有一个常常被我们人类忽略的空间，它充斥在我们的视野中，却"逃避"在我们的听力范围外，那里有低旋的蝙蝠、飞舞的蝴蝶……

在自然界中，海上风暴、火山爆发、大陨石落地、海啸、电闪雷鸣、波浪击岸、水中漩涡、空中湍流、龙卷风、磁暴、极光、地震等都可能伴有次声波的产生。风、水流、闪电、地壳运动等的内部亦大多含有超声波。次声波和超声波有一个共同的特点，那就是人类听不到这些声音，而某些动物可以听到，这也是在一些自然灾害面前，动物们能够及时逃离避难的原因所在。

声波的波长λ、频率f、声速C三者之间的关系是$\lambda = C/f$。由此公式可以看出，声波的频率越高，则波长越短；频率越低，则波长越长。

超声波频率高、波长短，因而绕射现象小、方向性好、穿透能力强，易于获得较集中的声能，可用于测距、测速、清洗、焊接、碎石、杀菌消毒等，已在医学、军事、工业、农业上得到广泛的应用。

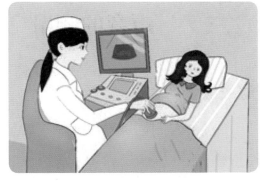

次声波频率低，波长却很长，比超声波穿透能力更强，因此可以传播得很远，容易绕过障碍物，而且无孔不入。科学家们目前正在研究、监测和控制次声波，以便有效地避免它的危害，并将它作为预报地震、台风的依据和监测核爆的手段。例如，台风和海浪摩擦即风暴产生的次声波的传播速度远大于台风移动的速度，人们利用一种叫"水母耳"的仪器（人类受水母特殊的听觉系统启发而发明出的一种仪器），监测风暴发出的次声波，即可在风暴到来之前及时为人们发出警报。利用类似方法，也可以为人们及时预报火山爆发、雷暴等自然灾害。

三 声音的测量

声音测量最常用的物理量是声压。而声压具体是指什么？

设体积元受声扰动后压强由P_1改变为P_2，由声波扰动产生的逾量压强（简称为逾压）P（$P=P_2-P_1$）就称为声压。当声波通过某种媒介时，由于振动而产生的压强改变量，亦被称为声压。

声压常用字母"P"表示，在国际单位制中，声压的衡量单位是帕斯卡（符号Pa）。声压的大小反映了声波的强弱。

声场中某一瞬时的声压值称为瞬时声压。声压是随时间变化的，实测声压是它的有效值，即有效声压。在一定时间间隔内，瞬时声压对时间取均方根值称为有效声压。我们日常中所说的声压和一般电子仪表所测得的声压都是指有效声压。

人耳可听见的声压的幅值波动范围为$2 \times 10^{-5} \sim 20$Pa，绝对值相差1 000 000倍，显然，用声压的绝对值表示声音的大小是不方便的。为了便于应用，人们根据人耳对声音强弱变化响应的特性，引入一个对数量指标，即声压级，来描述变化范围很大的声压，表示声音的大小，这与用几级风表示风的大小、几级地震表示地震的强弱的意思是相似的。声压级的单位用分贝（dB）来表示。

声压级（L_P）采用某声音的声压（P）与基准声压（P_0）之比的常用对数的20倍来计算，即

$$L_P = 20\lg(P/P_0)$$

式中　L_P——声压级，dB；

　　　P——声压，Pa；

　　　P_0——基准声压，在空气中规定P_0为2×10^{-5}Pa，该值是正常人耳刚刚能觉察频率为1 000Hz声音的存在时环境的声压值。

算一算

根据声压级计算公式：

声压变为原来的10倍，声压级在原来的基础上增加20 dB；

声压变为原来的2倍，声压级在原来的基础上增加6 dB。

人耳可听的声压范围2×10^{-5}～20Pa对应的声压级范围为0～120 dB。

在声学或医学上把0 dB定义为听阈，即听觉的"阀门"，只有环境声压级高于此值时，人的听觉"阀门"才能打开，人才能听到声音。环境声压级为120 dB时，人们的耳朵会感觉到疼痛，因此，在声学或医学上把120 dB定义为痛阈，长时间在此环境下工作，会对人体听觉系统造成伤害。从听阈到痛阈是我们人类能听见的声范围，术语上称为"听觉动态范围"。

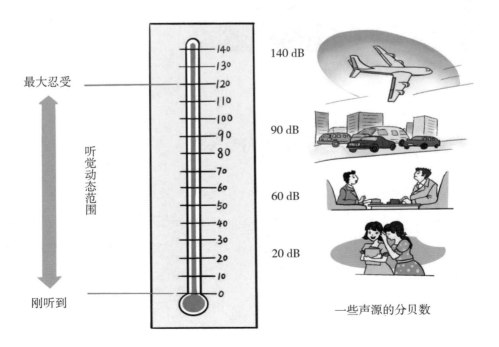

一些声源的分贝数

为了使声音的客观量度和人耳听觉的主观感受取得近似的一致，通常会对声音中不同频率成分的声压级进行特定的加权修正，再将修正后的所有频率成分的声压级叠加，得到噪声总的声压级，这种声压级称为计权声级。A计权声级评价方法能较好地反映人耳对噪声强度与频率的主观感觉，目前声学界、医学界公认用A计权（当然还有B、C、D计权）声级作为保护听力和健康以及环境噪声的评价量，用dB（A）表示。本文中，若非特别说明，所提及计权声级均指A计权声级。

A计权声级是最常用的声压级指标！

四　噪声和噪声污染

人类的听觉是有限度的。1dB大约是人刚刚能感觉到的声音，人类适宜的生活环境声级在15～45 dB之间。如果有人在耳边大声叫喊，我们都会反感，因为该声音的声级已经超过了人耳感觉舒适的范围。若耳边存在更大的声音，我们的不适感将愈加强烈。

按普通人的听觉，不同声压级的主观感觉如表2-1所示。

表2-1 不同声压级下普通人可产生的主观感觉

声压级范围/dB	主观感觉
0～20	很静，几乎感觉不到
20～40	安静，犹如轻声絮语
40～60	一般，普通室内谈话
60～70	吵闹
70～90	很吵，听觉神经细胞受损
90～100	吵闹加剧，引起噪声性耳聋
100～120	难以忍受，待一分钟即暂时致聋
120以上	极度聋或全聋

想一想

如果一直处于不愉快的声环境下，你会怎么样？

人们研究声音的发生、传播和接收，其主要目的当然是得到它、利用它，可是在一些情况下却是想要消除它、控制它。这种人们想要消除和控制的声音就是所谓的"噪声"。

（一）什么是噪声？

在不同的场合对不同的人而言，声音可能有着不同的含义，例如一个人在家演奏出的钢琴声，理应属于乐音，但对正在休息或看书的邻居来说，就成了干扰的噪声；又如学生在课堂上听课时，窗外的音乐即使再美妙

我弹琴和你乱叫都有可能被投诉！

也是"噪声",反之,在一个人欣赏音乐时,旁人的言语又成了噪声。

从环境保护的角度来说,凡是干扰人们工作、学习和休息的声音,即人们在当下不需要的声音统称为噪声。

噪声是一种干扰,也就是"不需要的声音"。

(二)噪声的分类

根据《中华人民共和国环境噪声污染防治法》,环境噪声按照来源主要可分为以下四种。

工业噪声

建筑施工噪声

交通运输噪声

社会生活噪声

1. 工业噪声

工业噪声是指工业生产过程中机器、设备运转或其他活动所产生的噪声。其影响可以分成两个方面:一是工厂内部的噪声对内部工作人员的影响,二是从工厂传到厂区外围的噪声对附近居民的影响。前者可形成劳动卫生污染问题,后者可能构成噪声公害。由于工

业噪声声源多而分散，噪声类型比较复杂，且生产工作存在一定的连续性，声源也较难识别，治理起来较困难。

工业噪声的声级一般较高，尤其会对工人带来较大的健康影响。根据《工业企业噪声卫生标准》，在工业企业的生产车间和作业场所连续工作时，每天接触噪声时间为8 h、4 h、2 h、1 h的工人所在的相应环境的噪声限制值分别为90 dB、93 dB、96 dB、99 dB，最高不超过115 dB。

2. 交通运输噪声

交通运输噪声主要指机动车辆、铁路机车、机动船舶、航空器等交通运输工具在运行时所产生的对周围生活环境造成干扰的声音。

据文献报道，城市区域内交通干线上的机动车辆昼夜行驶过程中所产生的噪声，占环境噪声的40%以上。城市交通干线噪声的等效A声级可达65～75 dB，噪声严重的区域等效A声级甚至在80 dB以上。随着城市轨道交通系统的发展，地铁和轻轨等轨道车辆在固定导轨上运行以及在站台停靠时所产生的振动和噪声对于沿线的单位和居民也会产生较大的影响。

城市轨道交通噪声与车辆噪声、轮轨噪声、轨道结构、坡道、弯道、路基、桥梁结构、车辆运行速度以及周边环境都有密切关系。

铁路交通噪声带有明显的间歇性，当有列车通过时，轨道两侧存在相对较强的噪声；当无列车通过时，只存在较低的本底噪声。

船舶噪声是船舶的动力机械（主机、辅机、螺旋桨、推进系统等）和辅助机械（泵、风机等）运行时产生的空气噪声和水下噪声的总称。

船舶噪声不仅关系到行船的安全，还会影响其内部声环境的舒适程度，严重时还会危害船员和旅客的身心健康。

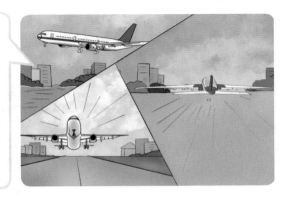

航空噪声指飞机在起飞、飞行、着陆以及地面试车时产生的噪声，因飞机入港出港时产生的噪声亦会对机场周边环境产生一定影响，该噪声也被称为机场噪声。

作为环境噪声的主要来源之一，航空噪声会带来三方面的负面影响：①使机身产生声疲劳，影响飞机的使用寿命和飞行安全；②影响飞机上设备的正常工作及旅客的舒适感和安全；③对机场地面工作区和机场附近的居民区造成噪声污染。

3. 建筑施工噪声

建筑施工噪声是指在建筑施工过程中产生的干扰周围生活环境的声音。在城市中，建设公用设施如地下铁道、高速公路、桥梁、铺设地下管道和电缆等，以及从事工业与民用建筑施工的现场，都会因大量使用各种不同性能的建筑机械，使原来相对比较安静的环境成为噪声污染严重的场所。

由于施工机械多是露天作业，部分机械需要经常移动，起吊和安装工作需要以高空作业的形式完成，所以建筑施工中的某些噪声具有突发性、冲击性、不连续性等特点。另外，某些施工现场紧邻居住建筑群，特别容易引起人们的反感

与不适。

4. 社会生活噪声

社会生活噪声是指人为活动所产生的除工业噪声、建筑施工噪声和交通运输噪声之外的干扰周围生活环境的声音。包括文化娱乐场所、商业经营场所、公共场所等发出的噪声。

由于城市人口和建筑物比较集中，特别容易遭受环境噪声污染，所以社会生活噪声污染防治的重点，主要在城市特别是城市市区范围之内。

温馨提醒

遇到扰人的工业噪声、建筑施工噪声等，可以向环保局报案，除此之外，如遇到人为活动产生的干扰周围生活环境的声音，如社会生活噪声、交通运输噪声等，可以向公安部门反映。

（三）噪声污染的定义及特点

噪声一旦对周围环境造成不良影响，即形成噪声污染。具体说来，噪声污染是指超过噪声排放标准或者未依法采取防控措施而产生噪声，并干扰他

根据我国每年发布的《中国噪声污染防治报告》，近10年（截至2020年）来，噪声污染投诉连续占据总环境投诉量的前两位，某些城市噪声投诉占比甚至达70%～80%。

人正常生活、工作和学习的现象。

噪声污染具有以下特点：

①由噪声引发的环境污染与大气污染、水污染及固体废弃物污染有所不同，噪声污染是一种物理性污染，一般只产生局部影响，不会造成区域性或者全球性的污染。

②噪声在环境中永远存在，本身对人无害，只是在环境中汇总的量过高或者过低时，才会造成污染或异常。

③噪声污染不像其他的污染，会有污染残留物。当噪声源一旦停止发声，噪声源污染也随之消失。

五 噪声污染的危害

（一）对人体的影响

1. 听觉器官受损

噪声对人体最直接的危害是听力损伤。

噪声所致的听力损伤有急性和慢性之分。人体若接触较强噪声，会出现耳鸣、听力下降，只要时间不长，一旦离开噪声环境，很快就能恢复正常，这一过程称为听觉适应。如果接触强噪声的时间较长，听力下降比较明显，离开噪声环境后，就需要几小时，甚至十几到二十几小时的时间，才能恢复正常，这种情况则称为听觉疲劳。但是，如果人们长期在强噪声环境下工作，听觉疲劳不能及时得到恢复，内耳器官会发生器质性病变，即形成噪声性耳聋。

噪声性耳聋常见于高度噪声环境中工作的人员，如舰艇轮机兵，坦克驾驶员，飞机场地勤人员，常戴耳机的电话员及无线工作者、铆工、锻工、纺织工等。此外，强大的声爆，如爆炸声和枪炮声，能造成急性爆震性耳聋，使人出现鼓膜充血、出血或穿孔，中耳听骨骨折，盖膜移位，基底膜撕裂的症状，导致不同程度的听力损伤，甚至全聋。

2. 对人体生理机能引起不良反应

因为噪声可通过听觉器官作用于大脑中枢神经系统，进而影响到全身各个器官，故噪声除可能造成人的听力损伤外，还可能给人体其他系统带来危害。

由于噪声的作用，人体可能会产生头痛、脑胀、耳鸣、失眠、全身疲乏无力以及记忆力减退等神经衰弱症状。长期在高噪声环境下工作与低噪声环境下工作的情况相比，人的高血压、动脉硬化和冠心病的发病率要高2～3倍，可见噪声会诱发心血管系统疾病。噪声也可诱发消化系统功能紊乱，引起消化不良、食欲不振、恶心呕吐，使肠胃病和

头痛　　　　眩晕

失眠　　　　耳鸣

全身疲乏无力　　记忆力减退

溃疡病发病率升高。此外，噪声对视觉器官、内分泌机能及胎儿的正常发育等方面也会产生一定影响。噪声对儿童身心健康危害更大，因儿童发育尚未成熟，各组织器官十分娇嫩和脆弱，高噪声很容易使儿童的听力受到破坏、使其理解能力发育缓慢，阻碍他们的智力正常发育。

在高噪声中工作和生活的人们，一般健康水平会逐年下降，对疾病的抵抗力亦逐步减弱，易诱发一些疾病，但具体情况也和个人的体质因素有关，不可一概而论。

3. 对正常生活和工作的干扰

（1）干扰休息和睡眠。环境噪声会干扰人们的休息和睡眠。调查统计显示，40~50 dB的噪声便会影响人的正常睡眠。当突发噪声达到40 dB和60 dB时，分别会有10%和70%的人被

惊醒，人们如果长期处于这种困境，会出现失眠、疲劳和记忆力减退甚至神经衰弱的症状，严重影响正常生活。

（2）干扰沟通活动。在噪声的干扰下，人们谈话、听广播、打电话、开会、上课等活动都会受到不同程度的影响。实验表明，当人受到一次突然而至的噪声干扰，就要花费4秒钟重新集中精神。

不好意思，张总，刚才没听清楚，请您再说一遍！

又出错啦！

（3）降低劳动生产率。在强噪声环境工作，人易心情烦躁、脾气暴躁、注意力不集中，使得工作效率和工作质量都有所降低。

（4）掩蔽安全信号。噪声还会掩蔽安全信号，如报警信号和车辆行驶信号等，以致造成事故。

（二）对动物的影响

噪声能对动物的听觉系统、视
觉系统、内脏器官及中枢神经系统
造成病理性损伤。噪声对动物的行
为亦有一定的影响，可使动物失去
行为控制能力，出现烦躁不安、失
去常态等现象。噪声严重时甚至会
引起动物死亡。例如，强噪声会使

鸟类羽毛脱落、不产卵，甚至会使其内出血或死亡。

（三）对建筑结构和仪器设备的影响

一般的噪声对建筑物几乎没有什么影响，但是噪声级超过140 dB时，则
开始对轻型建筑有破坏作用。例如，当超声速飞机在低空掠过时，在飞机头
部和尾部会产生压力和密度突变，经地面反射后形成N形冲击波，传到地面
时听起来像爆炸声，这种特殊的噪声叫作轰声。在轰声的作用下，建筑物会
受到不同程度的破坏，如出现门窗损伤、玻璃破碎、墙壁开裂、抹灰震落、
烟囱倒塌等现象。由于轰声衰减较慢，因此往往传播较远、影响范围较广。

此外，在建筑物附近使用空气锤、进行打桩或爆破作业等，也会导致建筑物出现不同程度的损伤。

特强噪声会损伤仪器设备，甚至使仪器设备失效。当噪声级超过150 dB时，会严重损坏仪器设备中的电阻、电容、晶体管等元件。当特强噪声作用于火箭、宇航器等机械结构时，由于受声频交变负载的反复作用，材料会产生疲劳现象而断裂，这种现象叫作声疲劳。实验研究表明，一块0.6毫米的铝板，在168 dB的无规则噪声作用下，只要15分钟就会断裂。

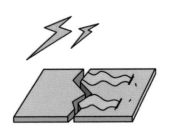

六 声环境功能区分类

鉴于噪声污染的危害，根据《声环境质量标准》（GB 3096—2008），按区域的使用功能特点和环境质量要求，声环境功能区分为以下五种类型。

0类声环境功能区

指康复疗养区等特别需要安静的区域。

1类声环境功能区

指以居民住宅、医疗卫生、文化体育、科研设计、行政办公为主要功能，需要保持安静的区域。

2类声环境功能区

指以商业金融、集市贸易为主要功能，或者居住、商业、工业混杂，需要维护住宅安静的区域。

3类声环境功能区

指以工业生产、仓储物流为主要功能，需要防止工业噪声对周围环境产生严重影响的区域。

4类声环境功能区

指交通干线两侧一定区域之内，需要防止交通噪声对周围环境产生严重影响的区域，包括4a类和4b类两种类型。4a类为高速公路、一级公路、二级公路、城市快速路、城市主干路、城市次干路、城市轨道交通（地面段）、内河航道两侧区域；4b类为铁路干线两侧区域。

《声环境质量标准》（GB 3096—2008）规定了我国各类声功能分区的环境噪声限值，如表2-2所示。例如，文化教育等需要保持安静的区域为1类声环境功能区，昼间噪声不可超过55dB，夜间噪声不可超过45dB。

表2-2 环境噪声限值

单位：dB

声环境功能区类别		时段	
		昼间	夜间
0类		50	40
1类		55	45
2类		60	50
3类		65	55
4类	4a类	70	55
	4b类	70	60

七 噪声污染的防治

一般从声源、传播途径、保护接收者这三个方面控制和减弱噪声危害。

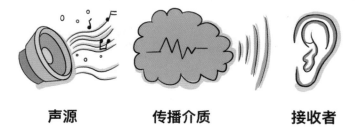

声源　　　　　传播介质　　　　　接收者

（1）声源控制是噪声控制中最根本、最有效的方法。

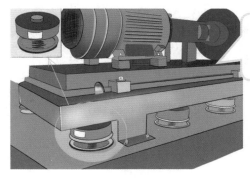

安装减振设施。例如给马达装上防振橡胶就是从声源上控制噪声。

对噪声源采取降噪措施。

禁止鸣笛也可以有效减少交通噪声！

（2）采用吸声、隔声、声屏障、消声等措施在传播途径上降低噪声、控制噪声是最常用的方法。

轻钢龙骨
隔音板
耐火石膏板
岩棉
普通石膏板

（3）对接收者的保护也是一种重要手段。

当在声源和传播途径上无法采取措施，或采取的声学措施仍不能达到预期效果时，就需要对接收者或受音器官采取防护措施，如长期暴露于职业性噪声的工人可以佩戴耳塞、耳罩或头盔等个人防护用品。

对于职业性噪声暴露的工人，应按照国家要求，定期进行健康检查，特别是听觉器官的检查，及时发现禁忌证。

需长期在噪声环境中作业的工人应避免加班或连续工作过长时间，尽可能地缩短与噪声环境的接触时间，合理安排劳动和作息时间。

定期的听力体检也是听力保护的有力保障。

根据国家职业卫生技术标准《职业健康监护技术规范》（GB Z188—2014）的要求，作业场所噪声8小时等效声级大于或等于85dB时，工人应每年进行一次健康检查；噪声8小时等效声级为80～85 dB时，每两年进行一次健康检查。

八　走进生活

（一）让躁动的城市安静下来

安静本是一种有礼有序的节奏，是一种安心安然的生活状态。只有环境安静了，我们才能有心、有情、有意，去欣赏、发现和创造生活的情趣，练就得之不喜、失之不忧的心态。

安静更是健康的良药。美国的一个研究小组曾发现，"入静"可产生良好的康复效应，对缓解焦虑症、疼痛、失眠、抑郁症，甚至一些精神性皮炎等疾病有所帮助，正如《黄帝内经》所云，"恬淡虚无，真气从之，精神内守，病安从来"。

遗憾的是，过度的喧闹已经成了不少大城市的通病。打造更多"静城市"，给公众提供安静的生活和发展环境，是公民发展权、生存权的保障，也是和谐城市、幸福生活的重要构成。

首先，相关部门可根据实际情况，出台实事求是的噪声治理措施，且对各种噪声污染进行相应的遏制纠正，实现除噪降噪，为安静的城市环境提供政策保障。

其次，防治噪声不意味着只能采取管控和禁止的方法，还可以对相关人员和民众多加引导，加强对噪声污染危害性的宣传，在全社会范围内倡导健康的环境保护意识，积极营造良好的社会氛围。要更全面地调动起社会大众的积极性，才能真正将噪声污染治理落到实处。

最后，噪声污染问题相对普遍，目前相关治理力度很大，但治理难度也很大。全面治理噪声污染问题，仅靠政府部门的一头热显然是不行的。如何让无处不在的城市噪声安静下来，最重要的其实是每个人都成为"安静的公民"，为防治噪声污染的做出自己的贡献。让人与城市相互交融，让城市成为我们幸福的居所。

公共场所，轻声交谈！

居家生活，尽量安静！

音响电视调小声！

装修想想四邻！

开车尽量少鸣笛！

禁燃禁放要牢记！

鞭炮燃放的噪声可达135 dB，远远超过人的听觉范围和耐受限度。烟花爆竹的燃放会带来空气、噪声、废弃物等多重环境污染，对环境状况的影响十分明显。不燃放烟花爆竹逐渐成为很多城市的主流观念以及全社会共同的环保认知。

文明广场舞，健康不扰民！

在马路两旁种树，对两侧住宅就可以起到隔声的作用。另外，建筑物周围的草坪、树木等也都是很好的吸声材料，所以种植花草树木不仅美化了我们生活、学习、工作的环境，同时也防治了噪声对环境的污染。

若人人都能成为安静环境的创造者与维护者，"静城市"的能量和气场就会越来越足，也会为生活带来更多的健康和幸福，"城市让生活更美好"才能更好地照进现实，诗意的栖居才不会成为奢望。唯有宁静，才能致远。

（二）楼层越高，噪声越大？

随着城市的发展，越来越多的高楼拔地而起，电梯小高层房和高层房成为新房的"主流"。我们在买房的时候，都希望选到一个好的楼层和户型，以期入住后能有一个安静舒适的居住环境。

抛开别的购房要求不说，单就"安静"这一条，不得不说还真没那么简单！

首先，有人说楼层越高噪声越大，这是没有科学根据的。因为噪声通常主要跟建筑物周边的环境有关，比如临街的楼房比离街道远的楼房受到的噪声影响大。

其次，高层住宅和低层住宅所受到的噪声污染的形式是不太相同的。对于低层住宅而言，噪声源表现为振动和声音两部分。而对于高层的住宅而言，振动的影响会不断减弱，但声音是以声波的形式传递的，当某层的高度正好达到该噪声声波波长的整数倍时，噪声会表现得十分明显。这是因为高层住宅周围没有什么建筑物遮挡，高层住宅完全暴露在声波的立体传播下，即噪声随着声源面积增加而增大。由于噪声到一定高度开始衰减，因此更高楼层住户受到的影响就较小。

环保局专家研究发现，噪声向上传播，高度在30米到70米间的高层住宅环境噪声最大。楼层低反而噪声小，除了因为绿化带、行道树可以降低噪

声，还因为低楼层只接收近距离的噪声，而楼层越高接收噪声的范围越广，远距离的交通噪声都可以传送到高层。监测人员现场测试结果表明，一般楼层在5楼以上的，噪声声压级会随着楼层增高而变大，当楼层更高时，噪声声压级又出现下降。一般来说，高层建筑5～24层噪声最大，其中噪声声压级在11～22层上升趋势最明显，而30层以上又较为安静，呈"两头小中间大"的变化趋势。如果是一幢26层高的楼房，则20～22层噪声最大。

说到底，怎么才能选到一个安静的房子呢？

要弄清楚这个问题，首先就要明白声音是怎么变小的。房间中噪声的大小主要取决于房间周边噪声源的多少和噪声到房间的衰减程度。因为一旦房间选定，其周边的噪声源的数量是相对固定的，由此，选房时对噪声到房间的衰减程度的考察就显得尤为重要。

想要声音听起来变小，影响因素主要有两个：距离和遮挡。以声音传播原理为依据进行分析，距离越远，声音衰减越多，传到耳朵里面声压级就越小。坐在教室后面听不清老师讲课，就是距离造成声音声压级衰减的缘故。而遮挡，也就是"墙"的作用，我们听不到隔壁房间的人说话就是由于遮挡造成的声音衰减。在日常生活中，不仅可以用普通的墙体来实现对噪声的遮挡，树木、建筑等都可以帮助遮挡噪声。对于同一栋楼来讲，噪声源到不同楼层间的距离一般只相差几十米，相比之下，遮挡是更有效的降噪方式。

如今很多小区都是高层建筑，楼盘与楼盘之间大多高度相似，楼层与楼层相互之间可以起到很好的遮挡作用，从而噪声的总声压级不会随着楼层的增加出现很大的变化。为了尽量避免受到噪声的影响，建议在购买住房的时候，尽量不要选购马路边、高架桥等附近的房子。如果家中噪声大，可以选择安装隔音玻璃、墙面贴壁纸、安装厚的布艺窗帘等方式来减少噪声的影响。

（三）家电噪声，预之有方

随着人民生活水平的提高，家用电器走进了千家万户中。家电在很大程度上方便了我们的生活，但局限于目前的技术水平，只要是有内置电机的家电，噪声都是个无法回避的问题。

家电噪声这事，说大不大、说小不小，正常情况下，我们身边还没有任何一个家电能够对听力造成严重影响。但当你想要静下心做点什么事的时候，这些平时听不到的噪声就会突然变得清晰起来，让你心烦意乱。

资料显示，在1米的距离内，音量放大的电视机、收音机、录音机的声级可达60～70 dB；电风扇为42～70 dB；电冰箱为34～50 dB；洗衣机在转动时的马达声为60～70 dB；电吹风为55～90 dB；电动剃须刀为47～60 dB；音响的声压级更高达90 dB。由此可见，家用电器的声压级不比马路上汽车喇叭的噪声的低。

要降低或避免家庭噪声危害，有哪些办法呢？

①分开摆放各家用电器。尽量不要把家用电器集于一室，噪声过高的电器最好不要放于卧室内，如电冰箱等。

②错开使用各家用电器。尽量避免同时使用各种家用电器。

③对家用电器及时排障。"带病"工作的家用电器所产生的噪声比正常机器的声音大得多，故一旦家用电器发生故障，要及时排除。

④及时补充营养。噪声可使人体中的某些氨基酸（如谷氨酸、色氨酸等）和维生素B类（如维生素B1、B2、B6等）等消耗量增加，补充适量的氨基酸和维生素，可使人体对噪声的耐受能力增强。专家建议，长期在噪声严重环境中工作生活的人，应及时而适量地补充一些富含蛋白质和维生素B族的食物。

此外，国家标准《家用和类似用途电器噪声限值》（GB 19606—2004）对家用电器的噪声限值作出了要求，加上科学技术的不断进步，不久的将来，用"耳朵听"家电

噪声的时代或将终结。例如，冰箱基本上属于24小时不间断运转状态，其噪声大，主要跟所用压缩机的种类、功率和制冷负荷等因素有关。压缩机作为冰箱的核心部件，也是功耗"大户"，一般定频冰箱每隔半个小时或者十几分钟启动工作都会出现"嗡嗡"的噪声。若采用变频技术的压缩机，则将有所不同，它不需要频繁地启动以满足制冷的需求，只需更改工作频率；同时功率的调整能够提高电能的利用效率，起到节能的作用。因此，无需瞬间启动压缩机及停止压缩机的特点让具有变频技术压缩机的冰箱噪声更低，箱内温度控制稳定，不会影响人员休息睡眠。

（四）如何保护耳朵

"柴门闻犬吠，风雪夜归人"一句诗意万千，但有很多人从未聆听过"犬吠"声，从未感受到声音世界的美丽。中国是世界上听力残疾人数最多的国家，听力残疾严重损害人的听觉言语功能，影响人的身心健康、生活质量，给患者造成沉重的经济负担。

耳朵是人体的重要器官，婴幼儿听力损失，将难以接收到外界的声音，导致语言发育迟缓；成年人听力损失，将影响日常工作和生活；老年人听力损失，将加重孤独感，加剧认知障碍，增加阿尔兹海默症的发生率。因此，提高听力损失方面的健康意识和自我保健能力、自觉采取有利于听力保健的行为和生活方式显得非常重要。那么，作为普通老百姓，在日常生活中应该如何保护耳朵与听力呢？下面提供一些日常听力保护小技巧。

①保持低音量环境。人的安全音量水平应低于85 dB，持续时间不超过8个小时。如果听者无法听到离自己一臂距离远的人说话，或者听者出现耳内疼痛或者耳鸣，那么可以判断其所处环境的音量可能过大了。

②戴耳塞。在迪厅、酒吧、体育赛场和其他噪声巨大的场所，可使用耳塞来保护听力。正确使用耳塞，可将所接触噪声的声级降低

5～45 dB。

③让耳朵休息一会。当不得不处于声音嘈杂的场所时，可时不时地到安静的地方待一会儿，减少与噪声接触的总时长，让听觉器官得到休息。

④避开巨大声响。在噪声巨大的场所，尽量远离扩音器等声源。待在相对安静的区域也能减少噪声带来的损伤。

⑤使用适配的耳机。使用适配的耳机，可让使用者用较低的音量就能听清楚音频设备中的声音。经常在火车或飞机上使用个人音频设备的人，应尽量考虑使用降噪耳机。此外，尽量选择头戴式的耳机，因为头戴式的耳机无须入耳，几乎不会对耳道、耳膜产生伤害，对耳朵的损害最小。

⑥重视听力安全等级。设定个人音频设备的听力安全等级，即在安静环境中将音量调到不超过最高音量的60%的舒适水平，这也是保持低音量收听的办法。

⑦减少音频设备的使用时间。为保护听力，除了降低音频音量，人每天听音频设备的时间不宜过长。尤其是使用耳机收听时，成人每天不超过3～4小时；青少年因听觉器官还未完全发育成熟，每天不宜超过1～2小时，以间歇收听为宜。

⑧注意听力损失的迹象。如出现耳鸣，听门铃、电话铃和闹钟铃等高音时有困难，听不清别人讲话（特别是在打电话时），或者在其他嘈杂环境中跟不上别人的谈话的情况，应当考虑是否听力已受损并尽快寻求专业医生的帮助。

除了远离噪声外，谨慎用药，多做耳保健操，保持良好的生活习惯（作息规律、不熬夜、忌烟酒、多运动、保持良好的心态、健康饮食）等都有助于保护我们的听力。

请在医生指导下使用链霉素、新霉素、庆大霉素、卡那霉素、多黏菌素等耳毒性药物，不要擅自使用，以免造成不必要的听力损伤。

不能乱吃药

经常用手按摩耳廓或用手指不停地挤压耳屏并轻轻地用掌心向内耳挤压和放松，可以对鼓膜起到按摩和舒缓的作用，但是注意不要太用力。

每年的3月3日为全国爱耳日！

一定要爱护我们的耳朵哟！

第三篇 辐射

提起辐射，人们很容易就想到原子弹、氢弹的爆炸，核电站泄漏等恐怖的场景，所以对于辐射一直有着一些误解。其实，在我们赖以生存的环境中，辐射无处不在，比如太阳发出的由核反应产生的光和热是人类生存所必需的，天然的放射性物质广泛地分布于地球环境中，就连人类的身体内也存在着碳-14、钾-40之类的放射性核素……地球上的所有生命都是在诸如此类辐射的环境中生存、不断进化……

毫不夸张地说，就算我们每天只是晒晒太阳，也是经历了一个被辐射的过程。连我们的身体也是一个辐射源，时时刻刻都在产生着辐射。

自然界中的一切物体，只要物理温度在绝对零度以上，都会产生热辐射。

绝对零度就是天气预报里说的0℃吗？

不是。绝对零度是指-273.15℃，目前人类还没有发现达到或低于绝对零度的物质。

一　辐射是什么？

在物理上，辐射被认为是带能量的粒子或波动在空间传播的一种过程。辐射无色无味、无声无形、看不见、摸不着，但其所携带的能量对人体可能带来的危害程度是可以用仪器来探测和量度的。度量辐射剂量的单位是Sv（西弗），1 mSv（毫西弗）等于0.001 Sv。

人类每时每刻都生活在各种辐射中。来自天然辐射源的个人年有效剂量全球平均值约为2.4 mSv，世界上某些高本底地区的天然辐射水平可达10 mSv。

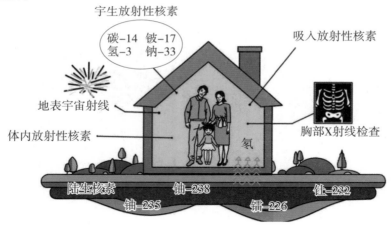

二　辐射的分类

由于不同的辐射本身所携带的能量不同，其与物质相互作用的反应机理也不同，我们常常把辐射划分为电离辐射和非电离辐射两种类型。

电离辐射是依据射线能让中性原子产生电离现象来定义的。所谓电离，就是指让不带电的物质在射线的作用下变成带电物质的过程。因为放射性物质的原子核在发生衰变时所释放出的射线能量较高，可以使不带电的物质发生电离，所以核辐射也称为电离辐射。

电离辐射主要有 α 射线、β 射线、X 射线、γ 射线和中子辐射等类型的辐射。其中X射线和 γ 射线是电磁波，但由于其能量较高，故它们也属于电离辐射。

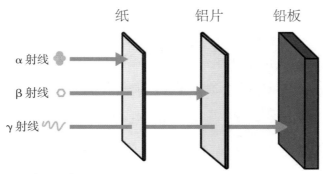

电离作用：α 射线＞β 射线＞γ 射线；
贯穿本领：γ 射线＞β 射线＞α 射线。

另一种辐射类型是非电离辐射。通常，非电离辐射又称为电磁辐射（能量以电磁波的形式由源发射到空间并在空间传播的现象）。

最常见的非电离辐射是不会产生电离作用的电磁辐射，也就是电磁辐射中频率相对比较低的那一部分。具体而言，按照频率从高到低，非电离辐射可分为可见光（各种有颜色的光线，或者是太阳光这种由各种颜色的光线组合起来的光）、红外线（是一种经常用于通信连接的电磁波，具体应用有红外线鼠标、红外线打印机等）、微波（微波炉等）、无线电波（对应广播电台和手机等通信装置所需频率的电磁波）、低频电磁波等。物理学中，频率的基本单位是赫兹（Hz），简称赫，也常用千赫（kHz）或兆赫（MHz）或吉赫（GHz）做单位。其中，1 kHz=1 000 Hz，1 MHz=1 000 kHz，1 GHz=1 000 MHz。

需要特别说明的是：广义上，电磁频谱包括形形色色的电磁辐射，从极低频的电磁辐射至极高频的电磁辐射，两者之间还有无线电波、微波、红外线、可见光和紫外光等辐射类型。狭义上，电磁辐射的电磁波频率为0～3 000 GHz，从静电场、静磁场到亚毫米波，该频率范围的电磁辐射均不能造成原子或分子的电离（不管其强度有多大）。人们生活中常说的"电磁辐射"就是指狭义上的电磁辐射，也称为非电离辐射。

紫外线也是一种常被提及的电磁波，它的频率比可见光的要高，但是比X射线的低。可以认为紫外线是一种介于电磁辐射和电离辐射之间的电磁波，部分高能紫外线属于电离辐射。

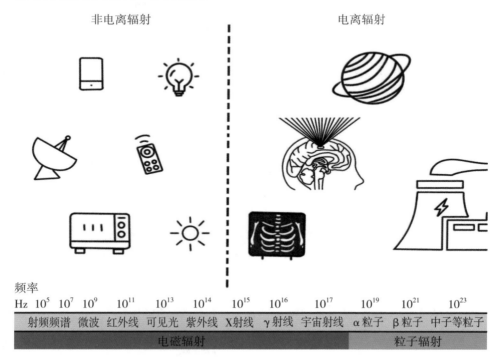

三　　**细说电离辐射和电磁辐射**

（一）关于电离辐射——从发现到防治

1. 电离辐射的发现

电离辐射是广泛存在于宇宙和人类生存环境中的一种物理现象，在地球形成的过程中就已经存在。但由于电离辐射看不见、摸不着，长期以来，人们对它缺乏足够的认识。直到1895年，德国物理学家伦琴发现X射线（一

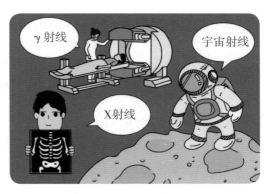

种未知的，肉眼看不见的，具有较高能量、能够穿透物质并使胶片感光的电磁波），以及随后的物理学家贝克勒尔和居里夫人相继在矿石中提取出天然存在的放射性核素铀、钍等，人类才打开了认识和运用电离辐射的大门。

2. 我们身边的辐射源

辐射源是指可以通过发射电离辐射或释放放射性物质而引起辐射照射的一切物质或实体。人类每时每刻都在接受来自各种辐射源的辐射照射。长期

以来，人们更为关注的是人工辐射源对人类的照射。但实际上，不论是全世界范围内还是我国国内，公众所接受的辐射照射绝大部分是来源于天然辐射。天然辐射源不仅是持续性的、不可避免的，还是人类所受辐射照射的主

要来源。据统计，人们所受到的辐射照射大约有82%来自天然环境，大约有17%来自医疗诊断，其他活动如核电站排放及高空飞行等大约有1%。

天然辐射源对人既产生外照射（辐射源在人体外，发出的射线对人体的照射），又产生内照射（放射性核素进入人体内所造成的照射）。全世界人均受照剂量大约为每年2.4 mSv，其中，氡的吸入内照射剂量约为人类所接受的天然辐射源照射总剂量的一半。地球上不同地区的天然辐射水平存在一定的差异，有少数地区明显偏高，这就是所谓的高本底地区，如巴西的瓜拉帕里、印度的喀拉拉邦和马德拉斯，埃及的尼罗河三角洲，我国福建的鬼头山、广东的阳江市、四川的降扎温泉等地区。

自然界中天然存在的放射性核素种类不是很多，远远不能满足目前人类实际生产应用的需要。目前我们实际生产中运用的放射性核素绝大多数是通过人工的方法（反应堆和加速器）生产出来的，如60Co、131I、137Cs等。随着电离辐射应用领域的不断扩大，人类在生产和生活中或多或少需接受一定的人工辐射源的照射，如医疗、工业、科研等领域，以及这些应用活动中向环境释放的少量放射性核素，通过外照射（空气中的放射性核素和沉降到地面的放射性核素）和内照射（通过吸入和食物等方式链进入人体）对人体造成照射。

根据个体接受照射的方式，又可将电离辐射分为以下三种照射类型：

①职业照射：指放射工作人员在工作中受到的照射。如医院

中放射科及介入治疗等医务工作人员、核电站及工业探伤等非医疗辐射机构的工作人员所受到的辐射照射。

②医疗照射：指为了实现诊断、治疗或医学实验目的而受到的照射。如CT机、DR机检查所受的照射，受照人员可能是参加体检的正常人、病人、病人的陪护者及医学实验志愿人员。医疗照射不包括天然本底照射。

③公众照射：指公众成员所受的辐射源的照射，包括获准的源和实践所产生的照射及在干预情况下受到的照射，不包括职业照射、医疗照射和当地正常天然本底辐射的照射。例如，核与辐射设施的事故排放的放射性物质导致的公众照射。

3. 电离辐射的应用

电离辐射物理现象一经发现之后，便很快得到实际应用。最早主要被应用在医疗和科研领域，如利用X射线透视和拍X光片便是临床上的诊断手段。天然存在的放射性核素种类较少，其相应提取难度亦较高，因此，早期人们对放射性同位素的应用并不是很多。直到1934年，人工生产放射性同位素的技术被发明，放射性同位素的相关应用才真正开始走向普及。

1939年，哈恩和斯特拉斯曼研究发现某些原子核在中子的轰击下可以发生核裂变现象；1942年，费米在美国芝加哥大学建造了世界上第一座人工核反应堆，实现了核裂变的链式反应；1945年，美国成功研制并引爆了第一颗原子弹（瘦子）。除核裂变外，人们还发现小的原子核也可以发生聚变并产生更多的能量，于是1952年，世界上第一颗氢弹研制成功。

核裂变除了军事上的核武器应用之外，也被广泛用于科研、核能生产等民用领域。1954年，世界上第一座核电站建成并投产，开启了人类利用核能的历史。我国第一座核电站——秦山核电站一期（300MW）于1991年12月15日并网发电。

除核能外，电离辐射还广泛应用于工农业生产、医疗、环境保护、科研等各个领域，为人类社会的发展作出了巨大的贡献。

工业应用

在工业探伤中，可通过射线透射受试对象来获取物体内部结构或加工缺损等信息。随着计算机技术的发展，工业射线DR（数字照相技术）和工业CT（计算机断层成像技术）技术的开发，使得射线无损探伤技术达到了一个全能水平，进而保证了高新技术的质量控制。例如，航空航天等工业中的许多关键部件（如阿波罗登月计划的航天飞机中几乎每个关键部件）都要通过中子或其他射线的质量控制测试才能被投入使用。

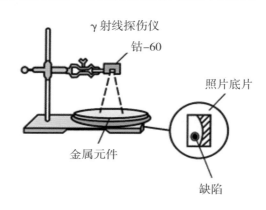

γ射线探伤仪
钴-60
照片底片
金属元件
缺陷

农业应用

1927年，在玉米育种工作中，研究人员首先发现了X射线能诱发植物突变，开创了人工诱发研究及其在作物育种上的应用。辐射育种利用电离辐射诱发生物基因突变，可在较短时间内获得新的有利用价值的突变体，以育成优良品种作直接利用或作为种子资源间接利用。我国辐射突变育种的成就突出，育成的新品种占世界总数的四分之一，特别是在粮、棉、油等作物的推广上取得了显著的增产效益。

食品辐照保藏是利用γ射线或高能（低于10兆电子伏）电子束辐照食品，

以达到抑制生长（如蘑菇）、防止发芽（如马铃薯、洋葱）、杀虫（如粮食、干果）、杀菌（如肉类）等助于食品长期保藏的目的。经辐照彻底杀菌的食品是宇航员和特种病人最为理想的食品。当前，这种技术已经作为食源性疾病预防和国际农产品检疫的一种有效的手段。

医学应用

在医学研究、临床诊断和治疗上，放射性核素及射线的应用已取得巨大成就，形成了现代医学的一个重要分支，即核医学。核医学于实际应用中，是通过利用一些放射性物质的特性，对病人的病灶部位进行显像以实现对疾病的诊断的，这种诊断方法为早期癌症的发现、对病人宝贵生命的挽救作出了巨大贡献。同时，放射性治疗利用射线能在人机体内引起电离作用，从而破坏病变细胞的原理，成为治疗恶性肿瘤的重要手段。目前，这种治疗方法在癌症治疗中的使用率达70%。在与癌病的抗争中，新的放射治疗技术也在迅速发展。最近，一种

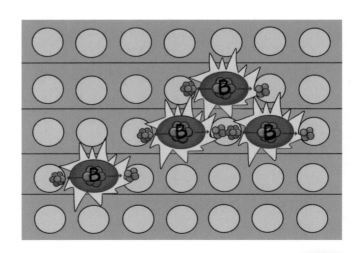

叫BNCT（硼中子俘获疗法治疗癌症）的方法已在世界范围内进行了临床试验。这种方法利用了含硼药物的亲癌性，使硼进入癌细胞，再用中子进行轰击，使其在硼核内发生（n，α）核反应，产生α粒子，在癌细胞尺寸内将癌细胞"杀死"，具有杀伤范围小、副作用小、定位精准等优点。

环境保护

在治理环境过程中，电离辐射是治理"三废"（废液、废气、废渣）最有效的方法之一。电离辐射能有效地降解"三废"中的有机物，杀死废物中的有害微生物，提高污泥的沉降和过滤性能等，在污染治理领域已展示出不俗的实力。近年来，我国在医院污水的辐射消毒、辐射处理含氰废水和农药废水等方面取得了初步成效。

虽然电离辐射可以造福于人类，在工业、医学、农业上有着广泛的应用，但是电离辐射也可以给人类带来巨大的灾难，如核武器的使用和辐射事故的发生。因此，对于电离辐射，我们既要对其进行充分利用以造福人类，又要严防它的危害。

4. 电离辐射的剂量单位

人体受到电离辐射照射，所受照射程度的大小往往是用剂量进行描述的，根据射线种类和所需评价受照对象的不同，可详细分为吸收剂量、当量剂量及有效剂量。

吸收剂量

吸收剂量是指单位质量上因辐射照射所沉积的能量，单位为戈瑞（Gy）。1 Gy=1 J/kg，也就是说1戈瑞相当于辐射授予每千克质量组织或器官的能量为1焦耳。它是实际可测量的量，适用于任何类型电离辐射和被照射的任何物质，在辐射剂量单位中应用得最广泛。

当量剂量

一般来说，辐射活动中某一吸收剂量所产生的生物学效应与辐射的类型、照射条件、辐射剂量、剂量率大小、生物种类以及个体差异等因素都相关，相同的吸收剂量未必会使有机体产生同样程度的生物学效应。而在辐射防护工作中，人们最关心的是有机体在受辐照后产生的生物效应，因而引入了当量剂量的概念。当量剂量是某种辐射在器官或组织内产生的平均吸收剂量与对应辐射权重因子之积，单位为Sv。即：

当量剂量=∑吸收剂量×辐射权重因子

常见辐射的辐射权重因子如表3-1所示。

表3-1　常见辐射的辐射权重因子

辐射种类	辐射权重因子
X射线、γ射线、β粒子	1
α粒子、裂变碎片	20
中子（<10 keV）	5
中子（10～100 keV）	10
中子（100～2 MeV）	20

当量剂量是反映各种射线或粒子被吸收后引起的生物效应强弱的辐射量，其作用是评价单个器官或组织在一般性（多种辐射）的照射条件下辐射健康效应的程度，是基本的放射防护量之一。当量剂量无法通过实测定值，只能在正常工作状态下进行数值估算。

有效剂量

为了建立辐射剂量与辐射危害之间的关系，除了需考虑不同种类的辐射照射所产生的生物效应的差异这一因素外，对同一种辐射，还需要考虑器官和组织对辐射照射敏感性的差异。为此，引入组织权重因子，用它和组织当量剂量加权求得人体所受的有效剂量，单位为Sv。即：

$$有效剂量 = \sum 当量剂量 \times 组织权重因子$$

国际放射防护委员会于2007年颁布的组织权重因子如表3-2所示。

表3-2 国际辐射防护委员会颁布的组织权重因子（2007）

器官或组织	组织权重因子
性腺	0.08
骨髓、结肠、肺、胃、乳腺及其他组织	0.12
膀胱、肝、甲状腺、食道	0.04
骨表面、脑、皮肤、唾液腺	0.01

有效剂量是指人体受核辐射辐射剂量的总和。在辐射防护中，有效剂量的意义在于：在低剂量率、小剂量照射范围内，无论哪种照射情况（外照射、内照射、全身照射或局部照射），只要有效剂量相等，人体蒙受的随机性健康危害的程度大致相仿。因此，有效剂量成为低剂量率、小剂量照射条件下评估照射水平、控制健康危害的重要指标。

5. 电离辐射的监测

电离辐射应用中，对于是否有泄漏的射线或粒子在环境中存在产生危害的风险，主要是依靠辐射监测来进行判断的。电离辐射由环保部门负责监管，监测设备主要是由探测器与电子仪器共同构成，其中包含X、γ辐射监测仪，α、β表面污染仪，中子监测仪以及热释光剂量计等几类。一般依照辐射种类的差异来选择不同的监测设备。例如，我国辐射环境自动监测网在各个省均设有多个自动化监测站，将其与高压电离室结合，可用以实时连续监测环境中的γ辐射剂量率；对电离辐射利用单位进行监督时，使用X、γ辐射监测仪等监测环境中电离辐射水平，利用α、β表面污染仪监测现场是否遗留放射性物质，使用热释光剂量计监测放射性岗位工作人员的受照剂量。

6. 电离辐射的国家标准

我国的电离辐射应用领域目前已经具备较为健全的规范及法律法规。《中华人民共和国放射性污染防治法》要求排放至外部环境中的放射性废液及废气，一定要满足我国的放射性污染防治要求。另外，《电离辐射防护与辐射源安全基本标准》（GB 18871—2002）中有关公众照射以及职业照射剂量的规定值如表3-3所示。

表3-3　电离辐射防护与辐射源安全基本标准（GB 18871—2002）

	应用类别	职业人员	公众
年有效剂量		工作人员连续5年的年平均有效剂量需低于20 mSv，任何一年中的有效剂量应控制在50 mSv以内	公众年有效剂量为1 mSv；特殊情况下，连续5年年平均剂量不超过1 mSv时，某一年份的有效剂量可提高到5 mSv
器官年当量剂量/mSv	眼晶体	150 mSv	15 mSv
	四肢（手和足）或皮肤	500 mSv	50 mSv

我国现行辐射防护标准与国际标准是一致的，其主要限值和约束值是：对职业照射，连续5年的年平均有效剂量为20 mSv；对公众照射，年平均有效剂量为1 mSv。

7. 电离辐射对人体的危害

电离辐射对人体的效应是从细胞开始的。它会加速细胞衰亡，使新细胞的生成受到抑制，或造成细胞畸

当心电离辐射

电离辐射警告

形、人体内生化反应改变。但是，正如适量饮酒无须担心酒精中毒，人体本身对辐射损伤有一定的修复能力，当某种电离辐射的强度很低、人体的受照时间很短、总有效剂量低于一定标准时，并不会表现出危害效应或症状。但如果其剂量过高，超出了体内各器官或组织具有的修复能力可承受范围，就会引起局部或全身的病变。

电离辐射可引起放射病，它将使人体出现全身性反应，几乎所有器官、系统均会发生病理改变，但其中以神经系统、造血器官和消化系统的改变最为明显。电离辐射对人体的损伤可分为急性放射损伤和慢性放射性损伤两种类型。短时间内接受一定剂量的照射，可引起人体的急性损伤，该现象多见于核事故和病人接受放射治疗。而较长时间内分散接受一定剂量的照射，可引起慢性放射性损伤，如皮肤损伤、造血障碍、白细胞减少、生育力受损等。另外，电离辐射还可以致癌和引起胎儿的畸形和死亡。

在电离辐射作用下，人体的反应程度取决于电离辐射的种类、剂量、照射条件及个体的敏感性。

电离辐射是把双刃剑，正确地运用辐射能改善人们的生活质量，而过量的辐射会对人造成难以预估的伤害，科学运用电离辐射的核心就是把握辐射的"度"，让辐射更好地服务人类。

8. 电离辐射的生物学效应

生物学效应是指某种外界因素（例如生物物质、化学药品、物理因素等）对生物体产生的影响。电离辐射作用于生物体后，在生物体内引起的一系列的生物学效应，可以分为确定性效应和随机性效应。

流行病学统计研究表明：当人体一次接受急性照射辐射剂量低于100 mSv时，医学上观察不到对人体的确定性效应，即观察不到明显的组织损伤。确定性效应一般是在大剂量照射条件下出现的，部分组织或机体的受照剂量达到一定的阈值之后，

会杀死非常多的细胞，造成不少严重的功能性损伤问题。比如，针对人体对于辐射敏感性最强的组织，单次短时间照射总剂量如果达到0.5 Sv，骨髓造血功能就会处于非常弱的状态；而达到2.5～6.0 Sv的时候，卵巢就会永久不育；达到3.5～6.0 Sv的时候，睾丸就会永久不育；达到5 Sv的时候，会导致眼晶体的视力障碍问题；达到6～8 Sv的时候，皮肤会被破坏。

随机性效应是由小剂量照射导致的，个体受照后，导致一些细胞出现变化与死亡。而不同的机体出现的后果也存在差异：有可能导致细胞变异，甚至造成恶性病变，简单来说就是致癌，发生癌症的概率（不是严重程度）随剂量的增加而增加；有可能破坏生殖细胞遗传物质，让受照人员后代出现异常遗传问题，如果辐射效应表现在受照人员的后代身上，这种随机性效应则被称为遗传效应；另外，还有可能出现细胞可完成自我修复而并不产生损坏后果的情况。

总之，所有确定性效应都是躯体效应（发生在受照个体身上的效应），而随机效应可以是躯体效应（如辐射诱发的癌症），也可以是遗传效应。确定性效应的发生需要以一定的照射剂量为前提，这一临界剂量值称为剂量阈

值，照射小于该剂量阈值，机体通过自我修复，将不会出现临床症状；超过这一阈值，大量的细胞死亡，超出了机体的自我修复能力可承受的范围，将导致临床症状的出现，并且确定性效应的严重程度与受照剂量成正比，剂量越大，症状越重。随机性效应没有剂量阈值——只要接受电离辐射的照射，就有可能导致随机性效应的发生，并且随机性效应的发生率是与剂量成正比的，受照剂量越大，随机性效应的发生率越高，但其严重程度与剂量无关。

9. 电离辐射的防护

电离辐射分外照射和内照射。由于两种照射防护的基本思路是不同的，因而所采取的防护措施与方法也不同。通过合理的辐射防护和必要的安全管理措施，可有效降低辐射所产生的危害。

外照射防护

外照射是指来自体外的电离辐射对人体的照射。根据外照射的特点，应尽量减少和避免辐射从外部对人体的照射，使人体所受照射不超过规定的剂量限值。外照射防护方法的要点为"时间、距离、屏蔽"（外照射防护三原则），可以采取其中一种或几种手段综合使用。

1）时间防护——缩短照射时间

因人体接受电离辐射的量与照射时间成正比，所以减少接触时间，就可以减少人体接受的剂量。具体方法：如在操作辐射源时，应熟练、准确、迅速，以减少受照时间。

2）距离防护——增大与辐射源的距离

因为人体所受辐射照射剂量和人与放射源之间距离的平方成反比，所以增加人体与辐射源之间的距离，可以显著地减少人体接受的剂量。比如使用机械手、自动化设备等增加工作人员与辐射源的距离。

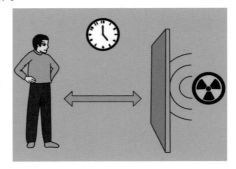

3）屏蔽防护——设置防护屏障

时间防护和距离防护这两种办法既经济又简便易行，但当缩短时间和增大距离的措施的有效性和方便性受到限制时，设置合适的屏蔽体是有效的防护措施。对于 γ 射线，通常可采用原子序数大的物质进行屏蔽，如铅等；对于中子，一般使用含氢、硼材料对其进行钝化和吸收以实现屏蔽。

针对辐射应用的不同领域，一般采取不同的防护手段。在医用辐射防护中，主要是对放射工作人员以及患者的辐射剂量加以控制；在开放性放射场所，一般是采用良好的通风设施；在辐射加工中，一般采用屏蔽的方法；对放射性废弃物的处置，采用长期储存的方式。

内照射防护

内照射是指放射性核素进入人体内，在体内衰变释放出粒子、光子并作用在人体上的照射。放射性物质可以通过吸入、食入、皮肤和伤口等途径进入人体，因此内照射防护的基本原则是制定各种规章制度，采取各种措施，尽可能地阻断放射性物质进入人体的各种途径，在最优化原则的范围内，使摄入量减少到容许水平以下，或减少至尽可能低的水平。

辐射污染进入人体的途径

（二）关于电磁辐射——从产生到防护

1. 电磁辐射的产生

我们知道，物体间相互作用的力一般有两种：一种是通过物体的直接接触产生的，叫作接触力，如摩擦力、碰撞力、推拉力等。另一种是不需要接触就可以发生的，这种力叫作场力，如电力、磁力、重力等。

　　电荷的周围存在着一种特殊的物质，叫作电场。它跟固态、液态、气态的物质不一样，看不见、摸不着，是一种具特殊形态的物质。两个电荷之间存在着的相互作用也并不是电荷的直接作用，而是一个电荷的电场对另一个电荷所产生的作用。也就是说，在电荷周围的空间里，总是有电力在作用。因此，我们将有电力存在的空间称为电场。磁场则是指电流通过导体，在其所通过的导体周围产生的具有磁力的一定空间。

　　电场和磁场是相互联系、相互作用、同时并存的。交变电场的周围会有交变磁场的产生；磁场的变化，又会使得磁场周围产生新的电场。它们的运动方向互相垂直，并与自己的运动方向垂直。这种交变的电场和磁场的总和，就是我们所说的电磁场。

　　这种变化的电场和磁场交替地产生，由远及近，并以一定速度在空间传播的过程中不断向周围空间辐射能量。这种辐射能量被称为电磁波，这种能量以电磁波形式由源头处发射到空间的现象被称为电磁辐射。

　　2. 电磁辐射的来源

　　电磁辐射根据其产生原因的不同可分为天然和非天然两种。天然的电磁辐射是一种自然现象，主要有雷电辐射、太阳热辐射、宇宙射线、地球的热辐射和静电辐射等。非天然的电磁辐射的来源比较广泛，一般有以下四种途径：①无线电发射台，如广播、电视发射台、雷达系统等；②工频强电系统，如高压输变电线路、变电站等；③运用电磁能的工业、医疗及科研设备，如电子仪器、医疗设备、激光照排设备和办公自动化设备等；④人们日常使用的家用电器，如微波炉、电冰箱、空调、电热毯、电视机、录像机、电脑、手机等。

　　3. 电磁辐射的应用

　　①在物质加热领域的应用：比如微波炉、微波干燥机、塑料热合机等。

　　②在医学领域的应用：比如微波理疗、肿瘤治疗等。

　　③在目标探测领域的应用：比如雷达、导航、遥感等。

　　④在信息传递领域的应用：比如通信、广播、电视等。

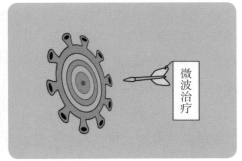

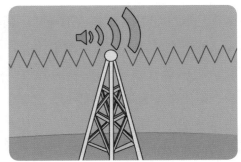

4. 电磁辐射的计量单位

电磁辐射常用电场强度、磁感应强度、功率密度和比吸收率来计量。

电场强度是指单位电荷所受电场力的大小，用来表示电场的强弱和方向，单位为伏/米（V/m）。

磁感应强度是指运动的电荷相互作用所产生磁场的大小，用来表示磁场的强弱和方向，单位为特斯拉（T）。

功率密度是指单位时间内穿过垂直于传播方向的单位面积的能量，用来表示电磁场中的能流密度，单位为瓦/平方米（W/m^2）。一般用于固定台式发射机产品，如通信基站。

比吸收率（specific absorption rate，SAR），其定义为单位质量的人体组织所吸收或消耗的电磁功率，单位为瓦/千克（W/kg）。一般用于便携式发射机产品对人体的影响，如手机等。在外电磁场的作用下，人体内将产生感应电磁场。由于人体各种器官均为有耗介质，因此体内电磁场将会产生电流，导致人体吸收和耗散电磁能量。生物剂量学中常用SAR来表征这一物理过程。对于测量手机产品的"SAR"，通俗地讲，就是测量手机辐射对人体的影响是否符合标准。国际通用的标准为：以6分钟计时，每千克脑组织吸收的电磁辐射能量不得超过2瓦。

5. 电磁辐射监测

电磁辐射的测量依据和测量参数的选择与辐射源同测量基点间距离相关联，近区场与远区场所测量参数不一样。简单来说，如果电磁辐射体运行频率比300 MHz低，对电场强度以及磁感应强度进行测量；如果频率超过300 MHz，可以仅对电场强度或功率密度进行测量，再依靠换算来获得准确的磁感应强度。例如，我们常

用综合场强仪对高压输电系统与广播电视发射装置的工频电磁场进行测量，采取非选频式辐射测量仪对移动通信基站的射频综合场强进行测量；采取选频式辐射测量仪对不同电磁波发射源的电磁辐射贡献进行监测；采取频谱分析仪对超过1GHz频段进行监测。

6. 电磁辐射有关国家标准

我国《电磁环境控制限值》（GB 8702—2014）自2015年1月1日起实施，该标准规定了电磁环境中控制公众暴露的电场、磁场、电磁场（1 Hz～300 GHz）的场量限值、评价方法和相关设施（设备）的豁免范围。按此规定，常见超高压送变电设施50 Hz工频电磁公众暴露的电场强度限值为4 000 V/m，磁感应强度限值为0.1 mT；900 MHz、1 800 MHz等移动通信频段功率密度的公众暴露限值均为0.4 W/m^2。

7. 电磁辐射的危害

尽管目前国际上对电磁辐射是否会导致癌突变、白血病、畸形儿、孕妇流产等健康危害尚有争议，但科学家们普遍认为，一般少量的电磁辐射是不会对人体健康造成影响的。然而当人体长期暴露在超过安全辐射剂量的情况之下时，细胞极有可能会被大面积杀伤或杀死，长期而过量的电磁辐射会对人体生殖、神经和免疫等系统造成伤害。

8. 电磁辐射的生物学效应

电磁辐射对机体的危害主要为热效应和非热效应，没有确定性效应。

热效应是指电磁波将能量传递给机体的原子或分子，使其加速运动，引起机体升温，影响机体的工作。并不是所有电磁辐射都会产生热效应，当能量小、吸收快时，人体通过自我调节也可以及时把吸收的热量散发出去。一般认为功率密度大于0.1 W/m^{2}时机体才会出现热效应。

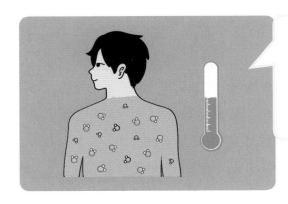

人体70%以上的水分子，受到电磁辐射后将相互摩擦，引起机体升温，从而影响体内器官周围的温度。

非热效应是指机体受到电磁波干扰后，自身稳定的微弱电磁场被干扰和破坏，温度虽无明显升高，但细胞原生质发生改变致机体受到损害。一般认为非热效应严重时会影响人体的循环、免疫、生殖和代谢功能。

高剂量电离辐射的生物学效应是确定的，而针对电磁辐射以及低剂量电离辐射的生物学效应，国内外均进行了许多研究，也出现过很多争议，目前只能确定其生物学效应是存在的，具体的危害尚无定论。在我国，一般认为符合国家标准的辐射量值对环境是安全的。

9. 电磁辐射的防护

电磁辐射分远区场和近区场，远区场通常影响较小，日常生活中可以通过远离电磁辐射源的方式有效进行预防。而面对近区场类的电磁辐射，可以通过电磁屏蔽、吸波材料吸收、接地技术、线路滤波等技术改进的方法进行防护。

四　　走进生活

日常生活中，辐射无处不在，我们吃的食物、住的房屋，天空大地，山川草木，乃至人的身体都存在着放射性辐射现象。据国家原子能机构网站介绍，我国某些高本底地区的平均辐射剂量每年3.7 mSv，砖房的平均辐射剂量每年0.75 mSv，宇宙射线的平均辐射剂量每年0.45 mSv，水、粮食、蔬菜、空气的平均辐射剂量每年0.25 mSv，土壤的平均辐射剂量每年0.15 mSv，胸部透视一次的辐射剂量为0.02 mSv；在世界范围内，天然本底辐射每年对个体的平均辐射剂量约为2.4 mSv……我们每天都在辐射的"海洋"里遨游。换句话说，即使我们坐在那什么都不干，一动不动，也是会接收到辐射的。

那么，时时刻刻被辐射，我们安全吗？

（一）预防家电辐射，享受舒适便捷生活

对于各种家用电器的辐射问题，首先要介绍几点基本知识：①只要电器两端接上了电压，就一定会有电场存在；②只要电器中有电流流过，电器内部的电流周围一定会有磁场存在；③电器中的电压和电流常常是存在一定变化的，从而引起电场变化，变化的电场会产生磁场，变化的磁场也会产生电场。因此，家用电器无论大小，不管是电冰箱、洗衣机、电视、电脑、微波炉、手机，还是剃须刀一类的"家用小电器"，只要和电扯上了关系，使用时都会或多或少地向外辐射出电

磁场。想杜绝电磁辐射并不现实，我们可以做的就是在了解家用电器的辐射特点的基础上，尽可能减少电磁辐射对人体健康的伤害。

1. 冰箱

冰箱在运作时，后侧方或下方的散热管线释放的磁场高出前方几十甚至几百倍。此外，冰箱的散热管灰尘太多也会对电磁辐射有影响，灰尘越多，电磁辐射就越大。

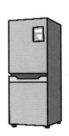

防护之道：冰箱要放在厨房等不经常逗留的场所；在冰箱工作时，尽量减少靠近它的频率；应经常用吸尘器把散热管上的灰尘吸掉。

2. 电磁炉

电磁炉是利用电磁感应产生磁涡流来实现对食品的加热的，一般电磁炉产生的电磁波不可能100%被锅具吸收，部分磁场将从锅具周围向外泄漏，因而形成电磁辐射。因此电磁炉辐射又称为"电磁炉外泄辐射"。电磁炉辐射量的大小，和其所使用炉具及锅具都有很重要的关系。炉具主要取决于其质量，电磁波的辐射位置和方向越集中向上越理想，如果向外，边缘就会产生较大的泄漏。锅具是用来吸收电磁炉所产生的磁场的，如果锅具材质磁阻小，对磁场的吸收能力就强；如果锅具存在形状不规则、杂质多等问题，磁场外泄漏辐射就要大得多。故最好选用形状规则、材质纯净的不锈钢电磁炉锅具。资料显示，电磁炉的辐射基本在距离其1米以外才衰减到安全限值以下。

防护之道：尽量减少接触电磁炉的时间；使用时人应该尽量远离；不建

议经常使用电磁炉吃火锅。

3. 电吹风

电吹风在开启和关闭时辐射最大，且功率越大辐射
也越大。

防护之道：开启和关闭电吹风时尽量离头部远一
点；由于用电吹风吹头发，出风口不可能距离头部太
远，电吹风手柄处辐射也远远超过安全限值，因此不要
连续长时间使用电吹风，最好间歇使用，或使用冷风挡。

4. 电视

电视机无疑是现代家庭娱乐不可或缺的重要组成部分。传统显像管式彩
色电视的显示材料是荧光粉，通过电子束撞击荧光粉而使电视机显示内容。
电子束打到荧光粉上的瞬间会产生较强的电磁辐射，因为散发热量的需要，
内部电路产生的电磁波也就不可避免一同向外"泄漏"了。如今，液晶电
视、等离子电视等平板电视以超薄、高清、辐射低等特点迅速赢得了消费者
的青睐。单从"低辐射"这一方面讲，平板电视产生的辐射本身就比传统显
像管电视小，同时平板电视采用严格的密封技术将来自驱动电路的少量电磁
波封闭在显示屏中，在电磁辐射的防护方面有自己独特的优势。尽管如此，
工作中的平板电视表面仍然有较低的辐射。但其辐射随距离增大而衰减得很
快，只要和屏幕保持一定距离，就可有效地减少辐射伤害。

防护之道："超期服役"的电视辐射会增大，建议在安全使用年限内使
用；收看电视时注意室内通风换气，保持空气清新，以降低空间环境的电磁
辐射接触强度；距电视机屏幕的距离一般应为
大于5倍的屏幕对角线长度（即电视机的英寸
数），这个距离以外的辐射强度一般会降至很
微弱的水平；建议尽量保持电视机表面洁净，
因为灰尘是电磁辐射的重要载体。

5. 微波炉

微波炉是运用微波加热的原理特点设计制造成的一种加热装置。微波炉工作时，由微波源磁控管发出微波，通过波导传入加热腔内，并反复穿透于被加热的物质中，使其中的极性分子随着微波周期以每秒几十亿次的惊人速度来回摆动、摩擦，从而产生高热，在很短时间内即可完成加热过程。

微波的安全性跟太阳光一样——是否对人体造成伤害取决于能量的强弱。和煦的阳光让人舒爽，烈日暴晒则可以造成严重的皮肤灼伤，微波也是如此——既然能够加热食物，自然也能加热人体。问题的关键在于：微波炉正常工作时到达人体的微波还剩多少能量？工作时，离多远才安全？

一般来说，微波炉的加热腔体采用金属材料制成，微波无法穿透出来。微波炉的炉门玻璃一般是采用特殊的材料加工制成的，设计有金属防护网、载氧体橡胶、炉门密封系统和门锁系统等安全防护措施，可以防止微波泄漏。另一方面，国际电工委员会（IEC）制定的微波泄漏量安全范围是小于 $5\ mW/cm^2$，我国的规定更严格，微波泄漏量在距离微波炉5 cm处必须小于 $1\ mW/cm^2$，长期使用的微波炉电磁辐射泄漏量则必须小于 $5\ mW/cm^2$，而微波炉出厂时，微波泄露量均被控制在0.5 mW/cm² 以下。可见，正常情况下微波炉的微波泄漏量远远低于安全值，故只要正确使用合格的产品，微波炉是不会对人体健康造成危害的。

微波炉的防护之道主要在于以下几点：

①资料显示，微波炉前门门缝处及周围辐射最大，微波炉中泄漏出来的微波在传播时，其衰竭程度与使用者和微波炉之间距离的平方大致成反比关系，也就是说，人体与微波炉距离越远越安全。因此，使用微波炉时最好站得远一些，测量结果表明1米以上比较安全。

②在使用微波炉时，操作方法必须正确，并应注意加强对炉体的维护。

③炉具要放置在可靠平稳的桌上，切忌碰撞和摔跌；炉顶上忌放其他物品，如碗碟、瓶具等；对微波炉要经常用干净的湿布擦拭，保持内外的清洁卫生，特别要注意清除炉门上的残渣，避免由于炉门关合不严而造成微波泄漏。

归根结底，减少家用电器电磁辐射的办法究竟有哪些呢?

首先，要购买正规合格的家用电器产品。

其次，使用电器时，人体要和它们保持一定的距离。

再次，从人体机能来看，当辐射超量时，将会对身体造成损害，因此不要把家用电器摆得过于集中，以免使自己暴露在超剂量辐射的空间。

最后，电器不用时应及时将电源关掉，一方面可以节约能源，另一方面也可以减少长期待机产生的辐射积累。

此外，可以多吃一些富含维生素A、维生素C和蛋白质的食物，并适当加强体育锻炼，增强体质，这亦有助于加强抵御电磁辐射可能带来的伤害。

目前，各国都制定了安全的家电电磁辐射标准，故在国家规定的标准范围内的家电电磁辐射对人体的影响并不大。总之，日常生活中人们可采取必要的防辐射措施，但也大可不必对家用电器电磁辐射产生恐惧心理，毕竟按目前趋势看，在未来的一定岁月里，电器和电子产品依然将会与人们相伴同行。

（二）手机辐射知多少

在信息时代，不少人几乎每天都离不开手机，用其来进行休闲娱乐、购物消费、乘车出行……从手机诞生的那天起，有关手机辐射的各种传言就没有停止过，那它对人类健康到底有没有危害呢？

手机辐射是指手机通过电磁波进行信息传递时产生的电波，主要源于手机发射的无线信号（即高频无线电波）。人们使用手机时，手机会向发射基站传送无线电波，而任何一种无线电波或多或少都会被人体吸收，从而有可能对人体的健康带来影响。手机辐射的大小，主要取决于其天

我心爱的手机竟然
是辐射的帮凶？

线、外观设计等因素，在实际使用中，手机辐射的大小还和手机与基站之间的距离、使用者周围的地理环境、基站的设置情况等因素有关。一般来讲，手机离基站越近，辐射就会越小，反之越大。

手机上网主要有两种方式：

一是通过Wi-Fi连接。由于在一定距离范围内人才能对其进行使用，也就是其使用背景为人体与手机同路由器离得相对较近，故Wi-Fi连接方式下的手机发出的电磁波影响很小。

二是移动连接。连接后，手机发射出的电磁波和打电话时发出的电磁波强度差不多，远低于人体安全辐射警戒值，且其穿透能力远低于可见光。例

如，穿戴整齐走在明媚阳光下所受到的电磁波辐射能量强度，至少是全身赤裸紧紧依偎着一部手机入睡时的60倍。

手机辐射对人体的危害性一直存在争议，我国的手机辐射安全标准采用的是世界卫生组织推荐的欧标每千克2瓦的标准，在安全值范围内尚没有明确证据证明手机一定会对人类健康造成影响。即便如此，我们仍然可以通过科学使用手机的方法来降低它的辐射以确保安全最大化。

①手机离基站越远，接收到的信号功率就越小。为保持手机通信畅通，基站会要求手机发射较强的功率，手机的发射功率就会越大，即手机信号1格时辐射大，满格时辐射小。在信号较弱区域，应尽量不使用手机，或应主动走出该区域寻找信号较强的地方来改善通信质量，避免手机发射出较强的电磁辐射。

②在手机接通的最初几秒，通信链路正处于建立之中，此时电磁辐射强度会较大，最好不要马上进行接听，应让手机远离头部，间隔几秒钟后再进行通话。

③手机在通话状态时对人体的辐射是待机状态时的2倍，因此尽量不要长时间用手机聊天。

④通话中，建议左右耳交替接听或者使用耳机接听。信息产业部电信传输研究所泰尔实验室的实验证明，使用耳机通话时头部受到的辐射量是直接用手机通话辐射量的1/200～1/100。

⑤手机放置位置大有讲究。

别放枕头边

睡觉时，手机应放在离身体较远的地方或设关机，千万不要将其放在枕头边。手机辐射对人的头部危害较大，它会对人的中枢神经系统造成机能性障碍，引起头痛、头昏、失眠、多梦和脱发等症状，有时还会使人面部产生刺激感。在国外，已有不少怀疑因手机辐射而导致脑瘤的案例。

莫挂在胸前

研究表明，手机挂在胸前会对心脏和内分泌系统产生一定影响。即使是在辐射较小的待机状态下，时间一长，手机周围的电磁波辐射也可能会对人体造成伤害。心脏功能不全、心律不齐的人尤其要注意不能把手机挂在胸前。

有医学专家指出，手机若常挂在人体的腰部或腹部旁，其收发信号时

远离腰、腹部

产生的电磁波对人体生殖器官内的精子或卵子产生辐射，这可能会影响使用者的生育机能。当使用者在办公室、家中或车上时，最好把手机摆在一边。

中国是世界上手机用户最多的国家，手机和我们的日常生活息息相关，只要我们合理使用，增强自我防护意识，尽量减少手机使用时间，就可以在一定程度上远离手机辐射的伤害。

（三）通信基站的是与非

随着科技的进步，大众的生活质量水平不断提高，手机已经成为人们生活中必不可少的重要工具。大家都知道，用手机打电话、玩游戏、上微信、聊QQ等都要用到网络信号，可是信号从哪来？

当然是通信基站了！

由于用户数量的不断增加，为了保证广大用户通话的需求，各大运营商一直以来不断地在完善自己的手机基站覆盖网络，基站建设更是掀起了新一轮的高潮。在城市中，公众常会看到一些建筑物楼顶上有密密麻麻的铁杆或铁架，在铁杆或铁架上还有着

长方形的白色块状物，这些就是手机基站发射天线，是基站系统中的一部分。

基站是通信信号中转站，没有基站，手机之间就无法通话，人们也就不能微信聊天、不能线上订餐、不能线上生活缴费、不能线上购物……基站是手机用户之间信息传递的枢纽，其信息传输的承载方式是电磁波，而电磁波会产生电磁辐射。基站电磁辐射的本质其实就是能量的无线传递，这些能量中包含了大量的数据信息，比如我们打电话时的通话内容、发送的短信信息等。

随着人们的环保和健康意识的不断提升，人们对周边环境质量的要求变得越来越高，并且由于网络的快速发展，居民获取信息的渠道也变多了，而一些媒体对基站于电磁辐射方面的片面报道加重了基站周围公众的恐慌心理，最终导致的结果就是公众对手机基站于电磁辐射方面的投诉量不断地增多。更有不少基站周围的住户希望有关部门能把基站搬走，这样他们就可以和电磁辐射"绝缘"了。这些年，关于通信基站的谣言有很多，下面我们就来盘点一下这些谣言，帮助大家科学、正确地认识通信基站。

谣言一：靠近通信基站的地方辐射大。

首先，我们身边始终有着通信基站的陪伴，否则我们的电话将打不通、我们的手机将上不了网。其次，我国对通信基站执行着严格的国家标准，以900 MHz频率的GSM基站为例，我国的标准限值是40 μW/cm^2，比一些欧洲国家标准值的1/10还小。再次，据权威政府部门测试，基站

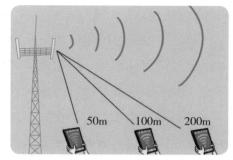

对周边公众经常活动区域的辐射值通常在2 μW/cm^{2}以下的水平，远远小于40 μW/cm^{2}的国家标准，居民家中的辐射强度与房屋基站之间的距离亦没有明显关联，基站辐射不足以构成辐射污染。最后，手机的辐射强度与基站信号强度密切相关，离基站越远，基站信号就越弱，手机发射的功率会越大。打个比方，基站和手机就好比说话的两个人，辐射好比音量，距离越远，越要大声叫喊；距离越近，越能小声说话。因此，真的离基站远了，信号质量差了，手机就需要发射更强的电磁波与基站保持连通，手机的辐射反而就越大。

谣言二：基站越密，辐射越大。

随着通信技术的发展，从第一代模拟移动通信系统采用的大区制基站建设（基站覆盖范围半径为30～50km）到第三代（3G）和第四代（4G）移动通信系统沿用的蜂窝小区制基站建设（一个基站所覆盖的范围半径只有几百米），基站发射功率逐渐变小，辐射也越来越小。如果用多个小基站来代替一个大基站，由于每个基站所覆盖的半径减少一半，发射功率可以降低到原来的1/4以下。同时由于信号质量提高，也降低了手机的发射功率。因此，基站的密度越大，手机接收的信号越强，手机的辐射也相应减少。

谣言三：基站架设在我家房屋楼顶上，只隔了一层楼板，我受到的电

磁辐射会很大。

基站天线发出的电磁波，主要是水平向外传播并覆盖一定距离（略带一点下倾角），并非垂直方向，对正下方的影响非常小。打个比方，基站天线发出的电磁波束就好像夜晚的时候我们拿着一个强光手电筒站在楼顶，水平地向外照射，这样我们就很容易观察到，一束光线水平向空中发出，而电筒下方地面基本上是黑的，

基站的信号辐射也是这个道理。古时候人们使用油灯照明，而由于油灯自身的遮挡，灯具下方往往有一块阴影，才有了"灯下黑"的说法。手机基站也是这样，它的辐射场强分布，有点像一个压扁了的苹果，因此在发射塔下的信号反而不会太强。小区楼顶的基站，一般会选择安装在区域内最高的建筑物上，因此对周围楼内的居民并不会造成多大的电磁辐射。

谣言四：通信基站的机房就在我家对面，机房对我家的电磁辐射很大。

现在很多基站天线架设在居民小区楼顶，基站机房自然就进驻了小区单元楼。基站主要由基站机房和基站天线两部分组成，机房内放置了很多数据处理设备，都是通过有线连接的方法连接起来的，这些设备通过光缆

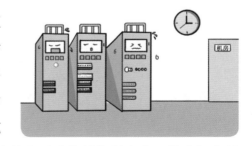

线把数据传输到楼顶天线，最终由天线将电磁波信号发射出去，整个机房并不直接向外发射电磁波。

谣言五：5G时代，我们周围的辐射量会变大。

首先，从发射功率来看，由于基站需要较大面积覆盖接收领域以保证

通信，因此其发射功率会较手机大很多。但是，基站的发射功率也是有限制的，3G基站的天线最大发射功率是20 W，4G基站的天线最大发射功率为40 W，5G基站发射功率比较大，最大发射功率可达到320 W，启用毫米波段高速传输数据时瞬时功率可达到3 000 W。这么说可能不容易理解，我们用可见光来类比，可见光本质上也是电磁波，只是波段不同。基站发射电磁波可以看成是灯塔发射灯光，3G基站就相当于安装了一个节能灯泡的灯塔，4G基站相当于安了一个白炽灯的灯塔，5G基站相当于篮球场射灯的辐射水平。值得注意的是，灯塔和球场射灯的辐射传播环境简单，电磁波辐射量仅仅是在空气中衰减，而通信基站电磁波信号传播环境复杂，且信号频率高、波长短、传播损耗大，遇障碍物更是大幅度衰减，其真正到达人体附近的功率基本上不会超过正常的照明辐射。

其次，网络提速和基站辐射增值无关。5G网络比4G网络运行速度更快，其运行速度的提升不是靠增强通信基站的信号发射功率来实现，而是靠扩容传输带宽。4G基站美国的辐射标准是600 μ W/cm^2，中国基站电磁辐射

标准只有40 μ W/cm^2，比美国严格10倍以上。5G基站的电磁辐射标准更是小于40 μ W/cm^2。

最后，由于基站覆盖得越密，人们的手机在信号接收上越顺畅，用户受到的电磁辐射相应也越小，所以随着通信基站的增多，5G时代公众受到的辐射也就更小。

（四）输变电设施对周围环境能否产生有效的电磁辐射

交流输变电工程是指由交流电压提供的，将电能的特性（主要指电压）进行变换并从电能供应地输送至电能需求地的工程，包括输电线路和变电站（开关站、串补站）。在电力或动力领域中，通常将50 Hz或60 Hz的频率称

为"工业频率"（简称"工频"），其特点是频率低、波长长。我国工频是50 Hz，波长是6000 km。度量工频电场强度的物理量为电场强度，其单位为伏特/米（V/m），工程上常用千伏/米（kV/m）。度量工频磁场强度的物理量有磁感应强度或磁场强度，相应单位为特斯拉（T）和安培/米（A/m），工程上磁感应强度的单位常用微特斯拉（μT）。

　　工频电场和工频磁场属于低频感应场，电压感应出电场，电流感应出磁场，它们可以被看作是两个独立的实体（不存在工频电场、工频磁场交替变化，"一波一波"地向远处空间传送能量的情况），其特点是随着距离的增大成指数级衰减。工频电场、工频磁场不能以电磁波形式形成有效的电磁能量辐射或形成体内能量而被吸收，其与高频电磁波在存在形式、生物作用等方面存在极大的差异。工频电场与工频磁场分别存在、分别作用，沿传播方向上电场与磁场无固定关系，而不像高频场那样，电场矢量、磁场矢量以波阻抗关系紧密耦合，形成"电磁辐射"，并穿透生物体。在国际权威机构的文件中，交流输变电设施产生的电场和磁场被明确地称为工频电场和工频磁场，而不是人们通常所说的电磁辐射。

　　输电线路产生的工频电场强度的特点：一是随着离开导线距离增加，电场强度降低很快，且在距地面约2 m的空间，电场基本上是均匀的；二是工频电场很容易被树木、房屋等屏蔽，受到屏蔽后，其电场强度明显被削弱。

　　我国对输变电工频电场强度限值是有规定的，国家环境保护总局在输变电工程环境影响评价技术规范中规定，居民区输变电工程工频电场强度的推荐限值为4 kV/m。这个限值是针对居民区而设定的，其他地区的限值则要高于居民区的限值。

随着城市建设的不断发展，居民区越来越多，电力负荷密度越来越大，为了满足居民的用电需求、保证供电可靠性和供电质量，输电线路有时需要跨越民房。有关技术规程规定：输电线路不应跨越屋顶为可燃烧材料的建筑物；对耐火屋顶的建筑物，如需跨越，应与有关方面协商同意；500 kV及以上输电线路不应跨越长期有人居住的建筑物。在工频电场强度和工频磁场强度低于国家推荐限值4 kV/m和0.1 mT的情况下，其他电压等级的输电线路跨越民房是被允许的。输电线路跨越民房时，为保证安全，根据电压高低，我国对相应的防护距离作出了明确的规定。例如，在最大计算弧垂情况下，110 kV输电线路，导线与建筑物最小垂直距离为5.0 m；220 kV输电线路，导线与建筑物最小垂直距离为6.0 m；330 kV输电线路，导线与建筑物最小垂直距离为7.0 m。需要注意的是，这个安全距离并不是为防工频电磁场而设置的，而是为防止因作业等活动产生意外触电而设置的。

检测到的数据显示，高压输电线路的磁场强度远远低于国家标准，几乎可以忽略不计。因此，高压输变电设施并不会产生电磁辐射，更不会让人患病。

（五）安检仪的安全性

飞机、高铁、地铁的出现，给我们的出行提供了极大便利，同时基于安全的需要，在进入这些交通工具前，相应的场所几乎都会要求我们每个人必须经过一个安检屏障。虽然安检仪的使用对确保交通运输安全、避免重点场所治安事件或恐怖事件的发生以及保障公共安全均具有重要意义，但是许多市民对安检仪带来的电离辐射仍有一种恐惧感，人们不禁会担心，这样的安检有辐射吗？会危害我们的身体健康吗？

目前，民航或轨道交通的安检设备不外乎以下几种：

脉冲安全门。检查应用对象为乘客身体。其原理是通过感应寄生电流及均化磁场的数字信号处理方式获得较高的分辨率以实现安全检测。但其所发射的磁场强度很低，对心脏起搏器佩戴者、体弱者、孕妇、磁性媒质和其他

电子装置均无伤害。

手持金属探测器。检查应用对象同样为人体，它是通过磁场进行探测的，完全没有辐射。

X光机。用于行李检查。它是一种借助输送带将被检查行李送入X射线检查通道而完成对行李的检查的电子设备，会产生一定的电离辐射。其原理是利用X射线透过被检查物品的强度变化与能谱分布，生成被检查物品轮廓、结构和材料等图像信息，由此判断被检行李包裹是否夹带危险物品（如枪支、弹药、管制刀具、毒品、爆炸品等）。目前X光机中常用的X线波长范围为0.008～0.031 nm，通过安检机的物品不会残留放射性，通过安检机的行李仍是安全的。特别是经过安检机的食物并不存在辐射残留，不影响人们食用，这和核泄漏事故中的放射性尘埃污染有本质的区别，而且安检仪只有在行李经过其检查范围时才会发射X射线束产生辐射。

有研究人员对常见X射线安全检查设备的辐射泄漏水平和防护性能以及人员安全性进行了调查和评价，结果显示参与测试的所有设备的环境射线泄漏剂量水平均远低于《微剂量X射线安全检查设备第1部分：通用技术要求》（GB 15208.1—2005）的要求，即X光安检仪的单次检查剂量不应大于5 Gy，同时在距离设备外表面5 cm的任意处（包括设备入口、出口处）X射线剂量应小于5 μGy/h，此标准与美国食品药品监督管理局（FDA）的标准相同。在设备正常使用过程中，工作人员和公众接受到的年有效剂量水平也远低于我国《电离辐射防护与辐射源安全基本标准》（GB 18871—2002）规定的每年20 mSv和每年1 mSv，是非常安全的低剂量

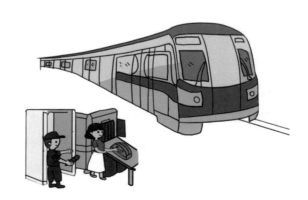

X射线安全检查设备。根据核与辐射监测室的数据，如果市民以每年365天、每天4次的频率通过安检乘坐地铁，一年内经安检所受照射的辐射剂量约为0.16μGy，相当于单程从深圳坐飞机到北京过程中宇宙射线受照剂量的五十分之一。

综上所述，我们大可不必担心安检仪会影响健康。即便如此，我们也要尽量避免接受不必要的辐射。对公众人群，由于安检仪的辐射主要来自内部X射线，行李离开安检仪出口时，应等到铅帘完全放下时再取走，不要急着从安检仪中向外掏行李，以减少受到铅帘缝隙处泄漏的微量辐射照射；同时要尽量减少在安检仪附近逗留的时间，行李通过安检仪后在通道远端拿上行李迅速离开，距X射线源越远，人体所吸收的剂量就越少。对工作人员，必须严格按照安检X光机操作程序进行，工作时应避免发生如倚靠安检设备等行为，避免接受不必要的射线照射。此外，持续使用的设备应该定期实施检测，维修后或长期未使用的情况下，再次使用前应先进行检测，通过检测而确保安全后的设备才可继续被使用。

（六）"空中飞人"所受辐射会超标吗？

随着人们越来越多地选择航空旅行以及对辐射知识了解的深入，人们开始担心乘坐飞机是否会受到辐射危害。那么，乘坐飞机时受到的辐射从何而来？

其实，地球作为宇宙的一个微小组成部分，无时无刻不处在宇宙线的沐浴之下。宇宙线是一些带有穿透能力的微小粒子。这些具有穿透力的微小粒子可以分为两种类型，一种来自遥远的太阳系外（银河宇宙线），另一种来自给予我们光芒的太阳（太阳高能粒子）。来自太阳（太阳辐射）和其他宇宙现象（银河辐射）的高能和低能粒子不断地轰击着地球，这些形式的辐射被称为宇宙辐射。幸

运的是，地球大气层和磁场正保护着我们免受这些辐射的伤害。

研究结果显示，人们在乘坐空中交通工具时宇宙辐射的强度与飞行时间、海拔高度和地球纬度呈正相关关系，即飞行时间越长、飞行高度越高、所处纬度越高，所受辐射越大。

国际辐射防护委员会确定的电离辐射剂量限定值为每年20 mSv。中国民航医学研究室等对我国目前运营的大部分航线所进行的有关研究表明，个体只有于当年飞行时间在3500小时以上时，所受辐射才会达到这一限定值，而即便是经常飞行作业的机组人员，也远未能达到这一飞行时间。但是宇宙辐射对人体存在一种随机效应，有关研究表明，民航机组人员因所接受的宇宙辐射大于一般普通人群，其癌症、胎儿遗传缺陷发生概率大为增加，有关部门已将机组人员列为职业照射人员范畴。

为什么在高海拔地区会接收到更多的辐射？主要原因是飞行高度越高，大气层就越稀薄，通过吸收和偏转来阻挡宇宙辐射的屏蔽能力就越低，相应的，我们受到的辐射就会更大。研究表明，一架飞行高度约为7.5千米的小型飞机，受到的辐射大约是海平面所受辐射的10倍；如果是飞行高度为12千米跨洋远距大飞机，那么接受到的辐射量是海平面所受辐射的40～50倍。

除此之外，飞行所处的纬度也会影响所接收的辐射量。宇宙射线可以从各个方向"袭击"地球，但我们在不同纬度所受到的辐射强度是不一样的。这与抵御宇宙射线的第二道防线——地球磁场有关。地球磁场就像一个盾牌，可以使一些宇宙射线发生偏转。由于磁场的形状影响，在赤道处，宇宙射线会垂直于磁场击中大气层，并且赤道附近的大气层往往更厚一些，所以宇宙射线在赤道处所受屏蔽作用最强，南北两极几乎不产生屏蔽作用。极地地区的宇宙辐射水平大约是赤道地区的两倍。不过，生活在极地地区的人仍然受到大气层的保护，免受大部分宇宙射线的影响。而在航空方面，人们于极地地区上空飞行时所受到的辐射比赤道地区上空的大。

宇宙辐射强度还随太阳年活动周期变化而明显不同，太阳斑爆发期间产生的太阳辐射被认为是危险的空中辐射，人们此时应尽量减少旅行，特别是穿越极地的旅行。

此外，核事故所构成的辐射也是相当危险的，我们应当有选择地避免此类飞越其上空的旅行。

（七）放射科，辐射那些事儿

提起医院放射科检查，如照"X"光、做CT等，很多人并不陌生，可能看见过、听说过，甚至经历过。放射科是医院重要的辅助检查科室，临床各科许多疾病都必须通过放射科医学影像分析来达到明确诊断和辅助诊断的目的。

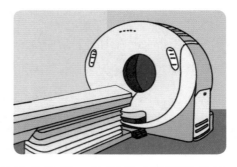

放射科影像学检查手段包括普通X线拍片机、计算机X线摄影系统（CR）、直接数字化X线摄影系统（DR）、计算机X线断层扫描（computed tomography，CT）、磁共振成像（magnetic resonance imaging，MRI）。其中，磁共振成像（MRI）就是常说的核磁共振成像（nuclear magnetic resonance imaging，NMRI），别看名字听起来感觉有点可怕，其实这里的"核"指的是氢原子核，与核辐射毫无关系。NMRI的工作原理就是在强大磁场的作用下，记录人体组织器官内氢原子的原子核运动，通过计算机处理，形成检查部位图像。磁共振成像并不会产生放射线，当然也就不存在电离辐射问题，除此以外，其他检查项目于检查过程中均存在不同程度的电离辐射。

当人们来到放射科，检查室门前几乎都贴有"当心电离辐射"的警示性标语，那么放射科的辐射到底有多危险呢？

首先，辐射本质上是一种能量传播的方式。其实只要我们生活在地球上，即使不做任何检查，也无法避免电离辐射。举个简单的例子，香蕉富含钾元素，天然钾当中约有0.0117%的放射性钾"钾-40"，半衰期长达12亿5000万年，而地球寿命为45亿年。所以我们每吃一根香蕉，就受到约

0.1 μSv的辐射。全世界的天然辐射本底水平为0.1～0.2 μSv/h，约等于每小时吃2根香蕉。

在放射科，一次胸部正位X线检查所受的平均辐射剂量为0.02 mSv。一次胸部CT检查辐射剂量为0.1～2 mSv。随着技术的发展，CT成像的辐射剂量已被控制得越来越小，一次低剂量肺部CT成像的X线照射剂量约为1 mSv，远小于造成人体损伤的单次最大接受剂量。单从数据上看，这些医学检查所带来的辐射是非常安全的。

其次，当前各大医院所用影像检查设备基本都达到了安全标准，辐射剂量很小，且检查设备也只有在操作时才会有少量电离辐射，平常不工作的情况下是没有辐射的。同时，医院放射科会采取严格的防护措施，比如机房墙壁用钡胶浆涂布、机房的门窗用铅板或是专用的防护门、铅玻璃，使得机房以外的环境不受设备工作状态时所产生的辐射影响。即便如此，依然建议尽可能远离机房，将防护工作做到极致。此外，许多医疗机构会在机房内为患者及其陪护者配备防护用的铅衣、铅眼镜、铅围裙等，助其尽可能减少辐射影响。因此，大家不必过分担心放射科检查会对自己的身体造成伤害。

敏感人群该怎么做放射性检查？

除了普通人之外，还有一些敏感人群，比如儿童和孕妇，一般情况下应该尽量避免X线和CT检查，尽可能地选择没有放射风险的超声或磁共振检查。

与成人比较，婴幼儿和儿童处于生长发育阶段，细胞增殖旺盛，对辐射的敏感度更高，在因病情需要必须进行检查的情况下，一定要做好防护。例如，当儿童遇到外伤而怀疑骨折及颅脑损伤等必须使用放射检查的情况时，要对其非检查部位的

敏感器官（如甲状腺、乳腺、眼晶体、性腺等）进行必要的防护。此外，在患儿进行CT检查时，医院会要求陪同家属穿戴铅围脖、铅衣、铅围裙等，以最大限度减少可能产生的辐射危害。

2017年，美国妇产科医师学会（ACOG）临时更新妊娠和哺乳期诊断性影像学检查指南，推荐意见中关于X射线、CT的内容如下：一般情况下，X线成像、CT和核医学成像技术的射线照射剂量远低于导致胎儿有害的照射剂量。所以当妊娠期必须要使用这些影像学检查来解决临床问题时，不应将其排除在外。值得注意的是，孕妇在检查前需与工作人员沟通，告知妊娠情况，可选用低辐射剂量扫描，同时在腹部等敏感部位采取防护措施，以尽可能减少辐射危害。

职业性放射病如何预防？

从事放射工作人员除了要遵守"时间、距离和屏蔽"辐射防护三原则，还要注意在平时的工作中严格按照规程操作，尽可能避免意外照射，严格遵守个人剂量限值原则。此外，在日常生活中也要注意适当补充营养，保持健康的生活规律，增强自身免疫力。

为了保护放射工作人员的身体健康，减少射线导致的染色体畸变而对下一代造成的遗传效应，我国加强了对放射工作人员的防护和例行的健康体检工作。随着目前国内外对放射工作防护意识的增强和相应防护水平的不断提高，

职业照射的剂量限值也在逐步降低，例如，2002年颁布的《电离辐射防护与辐射源安全基本标准》中将以往标准中约束值——年平均有效剂量不超过50 mSv降低至20 mSv水平，其目的也是为了降低职业照射所导致辐射生物效应的危险程度。

（八）如何减少室内氡放射性？

说起室内环境污染，大家马上会想到氨气、苯、甲醛或者射线的危害。但如果有人告诉你"氡气污染"也很危险和可怕，你能理解吗？

氡是一种化学元素。氡通常的单质形态是氡气，为无色、无臭、无味的惰性气体，具有放射性。氡的化学反应不活泼，氡也难以与其他元素发生反应生成化合物。

室内氡的来源主要有几个方面：①建筑物下的地基岩层或土壤。在地层深处，含有铀、钍、镭等天然放射性核素的土壤、岩石中存在较高浓度的氡，这些氡通过地层断裂带溢入表层土壤和大气层，又沿地表和墙体裂缝扩散到室内。②建筑装饰材料是室内氡的主要来源之一。各种与岩石直接或间接相关的花岗石、大理石、瓷砖、青砖、红砖、陶瓷洁具和水泥等都易释放出氡，尤其是含有放射性元素的各类天然石材。③生活用水。任何天然水体中都含有氡，江河湖泊等地表水通常要比地下水中氡的含量低。做饭、洗衣服和淋浴时，水中氡便被释放到室内空气中。氡在水中有一定溶解度，当水中氡浓度大于104贝克/立方米（贝克为放射性活度的国际单位制单位，符号为Bq）时，水中氡对室内氡污染的贡献就不能忽视。④家用燃料。煤炭、天然气、煤层气及液化石油气等化石燃料在城乡居民的生活能源中占有很大比例，这些燃料中均含有较高浓度的铀、钍、镭等天然放射性元素，在燃烧的过程中氡会被释放到空气中，由于氡的密度相对较大，如果室内通风不畅，氡将会在室内滞留，从而成为室内氡污染的一个重要来源。如在北

方地区的冬季，城市大气中70%的氡来自煤的燃烧。

氡是自然界中唯一的天然放射性气体，一旦被人吸入体内，氡发生衰变所产生的α粒子会对人体造成辐射损伤，主要影响呼吸系统。根据联合国辐射效应委员会的统计资料，正常本底地区由天然辐射源对人体造成的年平均有效剂量约为2.4 mSv，其中因吸入氡所致的约为1.2 mSv，约占50%。世界卫生组织的公开资料表明，氡是19种主要致癌物质之一，也是引起肺癌的因素中仅次于香烟的第二大元凶。氡被吸入肺后衰变产生的α、β粒子及γ射线即对人体产生内照射，可促使人体组织发生癌变效应。氡不仅能溶解于水，而且易溶于脂肪和各类有机溶剂，氡在脂肪中的溶解度是水中的125倍，因此随着呼吸进入人体的氡可迅速经血液循环遍布人体的各个组织。氡也可长期蓄积在骨髓内的脂肪细胞中，对造血干细胞产生持续的α和β照射。

一般认为氡对人体的危险度与室内氡浓度的高低、人体受氡照射时间长短和接收者初始受照射年龄等因素有关。室内氡浓度越高、人体受照射时间越长、接收者初始受照射年龄越小，氡对人体的危险度越高。氡照射具有较大的危险度因子，国际癌症研究署（IARC）认为氡及其子体是人类的致癌因子，且无阈值。

我国政府对于室内氡浓度的防治非常重视，早在1995年就颁布了《住房内氡浓度控制标准》（GB/T 16146—1995），2020年8月1日起正式实施的《民用建筑工程室内环境污染控制标准》（GB 50325—2020）重新确定了室内空气中污染物浓度限量值，规定Ⅰ类民用建筑（住宅、居住功能公寓、医院病房、老年人照料房屋设施、幼儿园、学校教室、学生宿舍等）和Ⅱ类民用建筑（办公楼、商店、旅馆、书店、图书馆、展览馆、体育馆、公共交通等候室、餐厅等）氡浓度限值均为150 Bq/m^3。

室内氡气污染具有长期性、隐蔽性和危害大、不易彻底消除等特点，如果不能及时发现和消除，后患无穷。由于人们大部分时间工作和生活在室内，所以室内氡浓度对人体健康的影响已成为公众关注的焦点。专家建议，在室内氡气的防治问题上，公众要注意以下常识：第一，在建房或者购房

前，可以请有关机构做氡气测试，从源头上控制预防；第二，尽可能封闭地面、墙体的缝隙，降低氡气的析出量；第三，经常保持室内通风，科学监测表明，房屋门窗关闭或打开，室内氡的浓度可相差2～5倍之多；第四，在室内装修时，尽量减少使用石材、瓷砖等容易产生辐射和氡气的材料，选用相应材料时应当向商家索取放射性检测合格证明；第五，对已经入住的房屋，如果认为有氡气超标的可能，可以委托专业部门进行检测，针对检测结果请专家提出合理的处理方案。

（九）你知道抽烟也会受到辐射吗？

你的身边是不是经常出现一些"吞云吐雾"的常客？日常生活中，我们经常为环境中的辐射感到害怕，我们害怕用手机过多会有辐射致癌，我们担心微波炉、电磁炉会危害健康，我们生怕去医院做X光、CT等检查而造成身体损伤、造成基因突变……然而您是否想过，平日里被我们忽略的烟雾，其实才是伤害我们最深的辐射源？

有研究者发现，吸烟者的肺居然有辐射，这究竟是怎么回事呢？

原来，肺里辐射的源头是一种叫钋（Po）的物质，而香烟的烟雾中含有钋，它是一种放射性元素，随着烟雾进入肺部后，这些元素就成为一个个小型"放射源"。一支卷烟产生的烟雾中，钋的含量不算高，但每吸一口烟，肺部受到的钋的辐射剂量都会增加一点，这样一来，当吸烟者的肺部的放射量逐渐累积，肺癌的风险也就大大上升了。与此同时，这些烟雾以"二手烟"的形式使得这些辐射物质也被吸烟者周围的人所吸收，间接地危害了他人健康。

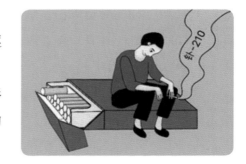

香烟里为什么有放射性元素？肺里的辐射是怎么测量的，一天抽一根与抽一包是不是相同？这得从钋-210，一种放射性元素说起。

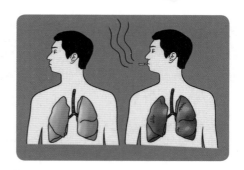

钋是法国居里夫妇1898年在处理铀矿时发现的一种新化学元素，它的符号是Po，其单质为银白色，密度为9.4 g/cm^3，熔点是254 ℃，沸点为962 ℃。钋-210属于极毒的放射性核素，它发射的α粒子在空气中的射程很短，不能穿透纸或者皮肤，所以在人的体外并不会构成外照射危险。此外，钋是最稀有的元素之一，在地壳中的含量大约只有一百万亿分之一。天然的钋存在于铀矿石和钍矿石中，但含量极微。在自然环境中，例如大气和人体内都有极微量的钋-210存在，其半衰期为138天，也就是说每过138天它的放射性活度就会自动减少一半，约2.5年后其放射性基本消失，那时就更不会产生什么危害了。

但是，吸烟者在"吞云吐雾"的过程中就没那么幸运了，此时钋-210不再滞留于人体外而是随着呼吸进入人体内部，其在人体内的存量将不断增多并且进入人体内各个不同组织。一般情况下，摄入人体体内的钋-210主要聚集在肺部，另有30%沉积在脾、肾和肝脏，10%沉积在骨髓组织，少量沉积在包括淋巴结和呼吸道内黏膜在内的全身各器官或组织。滞留在体内的钋-210还会进入全身血液循环。由于钋是放射性元素中最容易形成胶体的一种元素，它在人体内水解生成的胶粒极易牢固地吸附在蛋白质上，并与血浆结合生成不易扩散的化合物，对人体的危害极大。更为令人惊讶的是，钋-210释放的α射线还可以破坏细胞结构、细胞核结构，损伤DNA。假如细胞长期遭受钋-210所带来的辐射，那么往往最终会引起细胞癌变，进而导致肿瘤的生成。由于抽烟者吸入的钋-210大多集中在肺部，因此引发肺癌的几率最大。

对于钋-210在体内外的不同影响，哈佛大学利特尔教授及其同事早于

1974年便在仓鼠实验中得出结论。他们把仓鼠分为两组以作对比，再把较小剂量的钋-210注入仓鼠的气管，一组仓鼠被注入的频率较低，另一组频率较高。结果发现注入频率较低的那组仓鼠体内没有任何炎症，而注入频率较高的那组仓鼠中，94%都出现了肺部肿瘤。仓鼠实验再次证实，长期接触小剂量的钋-210会有相当大的危害，而抽烟恰好属于此种情况。尽管一支香烟中钋-210的含量相对较低，但抽烟者每吸一口烟，肺部的钋-210含量都会增加一点，长此以往，辐射剂量就会越来越高，患癌风险也就随之提高。

除了物质钋外，香烟里还含有近百种有毒物质，其中78种是明确致癌物，为人所熟知的是亚硝胺、苯并芘、焦油等有毒物质，其致癌致死率也是相当的高。值得一提的是，吸烟的主要致死疾病中，癌症只占1/3，其余2/3主要是心血管疾病和呼吸系统疾病。此外，烟草几乎会对所有器官造成损害，类风湿性关节炎、血管炎症、眼部黄斑变性、中耳炎、骨质疏松、哮喘、自发性流产等病症都会接踵而来。

在日常生活中，不少人忌惮辐射，对抽烟所带来的辐射却知之甚少。我们应积极进行控烟行动，从源头上解决香烟问题，让吸烟者不受其害，同时也让普通民众真正避免"二手烟"的危害。

5月31日为世界无烟日。1987年11月，在日本东京举行的第6届吸烟与健康国际会议上，世界卫生组织提出把每年的4月7日定为世界无烟日（World No Tobacco Day）的建议，经会议通过，该建议从1988年开始执行。但从1989年开始，世界无烟日改为每年的5月31日，因为第二天就是国际儿童节，其目的在于希望下一代免受烟草危害。

（十）合理饮食可减少辐射伤害

人们在生活中并不能完全脱离射线的照射，比如到医院体检、看病时照X

光、做CT等。但是，因为人体有完整、高效的防御和修复机制，偶尔接受一次低剂量射线照射并不会对身体造成一定的损伤，照一次X光或单做一次CT扫描并不需要过多的担心，检查完后保证正常的水分、营养均衡的食物摄入即可。如果因健康需要而不得不接受较大剂量射线检查、治疗，人们还可以通过合理饮食的方法来抵御或减少核辐射对人体造成的伤害。

我们可从核辐射伤害人体的机理进行抗辐射食品的构建：大量射线作用于人体，会使机体大分子发生畸变，甚至激发体内水分子产生自由基，继而损伤生物分子，导致放射病的发生。抗辐射食品的构建概括地讲包括营养全面、高蛋白、多维生素、适度脂肪、数量充足等几方面。

（1）能量供给要充足

足够的能量供给有利于提高人体对辐射的耐受力、降低敏感性、减轻损伤、保护机体，故每天人体能量供给应保持在4 000～4 500 kcal（16 728～18 819 kJ）范围。例如，谷物中的碳水化合物是身体所需能量的主要来源，一旦摄入不足，将迫使体内脂肪和蛋白质不断转变为能量，造成蛋白质的相对不足，从而影响辐射损伤组织的修复，或使辐射损伤加重。

（2）糖类供给有侧重

辐射使身体能量消耗增加、身体组织对糖的利用能力下降。例如，腹部短期接受较大剂量照射后，由于人体消化道可能受损，其对各种糖的吸收效果将不尽相同，故各类糖防治消化道损伤的效果也不同，其中以果糖为最佳，葡萄糖次之，而后是蔗糖、糊精等。

（3）蛋白质不能少

蛋白质摄入不足会造成人体组织蛋白合成不足，导致肌肉、心、肝、肾、脾等脏器的重量减轻，甚至出现功能障碍，从而增高辐射的敏感性。因此，要求人体摄入的蛋白质品质优秀、数量充足，以减轻放射损伤，促进机体恢复健康。例如，多吃蛋、奶、鱼、肉和豆类等食物，增强机体抵抗辐射的能力。

（4）脂类摄入不宜高

人体受辐射照射后常感食欲不振、口味不佳，脂肪的总供给量要适当减少，但需增加植物油所占的比重。其中油酸可促进造血系统再生功能，防治辐射损伤效果较好。

（5）维生素数量要确保

增加维生素供给对防治辐射损伤及伤后恢复均有正面效用，例如，维生素A、K、E、C和B族维生素，若缺乏，将可能降低身体对辐射的耐受性，宜加量供应。生活中可多摄入一些海带、卷心菜、胡萝卜、蜂蜜、枸杞等。此外饮用绿茶也能起到一定抗辐射的作用，具体原因是绿茶中含有茶多酚，可减轻各种辐射对人体的不良影响。茶叶中还含有脂多糖，能改善机体造血功能、升高血小板指数和白细胞指数等。

（6）矿物质平衡尤为重要

人体内钾、钠、钙、镁等离子的浓度须平衡，否则不能维持水与电解质的平衡，轻者损害健康，重者甚至危及生命。微量元素与其他营养素相互之间的关系也很重要，锌对许多营养素包括蛋白质与维生素的消化、吸收和代谢都有着重要的影响。辐射损伤时，矿物质包括微量元素在内于含量水平上若存在过量或不平衡，均会产生不良影响。

（7）无机盐供应宜加量

在膳食中适量增加无机盐（主要是食盐），可促使人饮水量增加，加快放射性核素随尿液、粪便排出的速度，从而减轻内照射损伤。

第四篇 振动

振动是自然界中最普遍的现象之一，各种形式的物理现象，诸如声、光、热等都包含有振动现象。

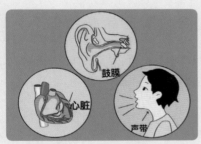

人的生命也离不开振动，心脏的搏动、耳膜和声带的振动，都是人体维持各项生理功能不可缺少的部分；声音的产生、传播和接收都亦离不开振动。

工程技术领域中振动现象比比皆是，例如桥梁和建筑物在阵风或地震作用下的振动、飞机和船舶在航行中的振动、机床和刀具在作业时的振动、控制系统中的自激振动等。

一 振动和振动污染

（一）振动及其分类

物体的运动状态随时间在极大值和极小值之间交替变化的过程称为振动。

按能否用确定的时间函数关系式描述，将振动分为两大类，即确定性振动和随机振动（非确定性振动）。确定性振动能用确定的数学关系式来描述，对于指定的某一时刻，可以确定一相应的函数值。随机振动具有随机特点，每次观测的结果都不相同，无法用精确的数学关系式来描述，不能预测未来任何瞬间的精确值，而只能用概率统计的方法来描述这种规律，例如地震就是一种随机振动。

确定性振动又分为周期振动和非周期振动。周期振动包括简谐周期振动和复杂周期振动。简谐周期振动只含有一个振动频率。而复杂周期振动含有多个振动频率，其中任意两个振动的频率之比都是有理数。非周期振动包括准周期振动和瞬态振动。准周期振动没有周期性，在所包含的多个振动频率中至少有一个振动频率与另一个振动频率之比为无理数。瞬态振动则指的是可用各种脉冲函数或衰减函数描述的一类振动。

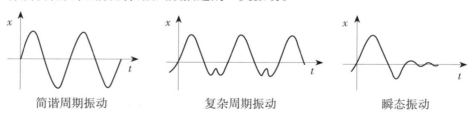

| 简谐周期振动 | 复杂周期振动 | 瞬态振动 |

（二）振动污染

振动本身不像大气污染物那样对人体有很大的影响，适度的振动有时还可使人感到舒适、安稳（如电动按摩器等）。当然，过量的振动会使人感到不舒适、疲劳，甚至导致人体损伤（例如人工打桩、电钻等）。当振动超过一定界限，从而对人体的健康和设施产生损害，对人的生活和工作环境形成干扰，或使机器、设备和仪表不能正常工作，即形成了振动污染。

振动污染的特点如下：

①主观性：振动污染带有强烈的主观性，是一种危害人体健康的感觉公害。

②局部性：振动污染和噪声污染一样是局部性的，即振动在传递的过程中，随距离的增加将逐步衰减，故其仅涉及振动源邻近的地区。

③瞬时性：振动污染也不像大气污染物那样会随气象条件而改变，亦不对场所造成污染，是一种瞬时性的能量污染。振动还会形成噪声源，以噪声的形式影响或污染环境。

今天好安静呀！适合考试！

外面施工动静太大啦，我感觉地板在振动！

没感觉！我们两家楼栋相距几百米远呢。

火车每次经过咱们小区时我感觉整个房间都在抖，你在家能感觉到吗？

地铁振动蝴蝶效应：列车在地下呼啸而过，精密仪器内部"仿佛刮起了一阵飓风"。

二 振动的来源

振动的来源分自然振源和人为振源。

自然振源包括地震、火山爆发等自然现象。自然振动带来的灾害人们往往难以避免，只能尽量加强预防以减少损失。

人为振源包括以下几个方面。

1. 工厂振动源

工厂振动源主要是旋转机械、往复机械、传动轴系、常处振动状态的管道等，如锻压、铸造、切削、风动、破碎、球磨以及动力等机械和各种输气、液、粉的管道。

2. 工程振动源

工程施工现场的振动源主要是打桩机、打夯机、水泥搅拌机、辗压设备、爆破作业设备以及各种大型运输机车等。

3. 道路交通振动源

道路交通振动源主要是铁路振源、公路振源、城市轨道交通振源等。

4. 低频空气振动源

低频空气振动是指人耳可听见的100 Hz左右的低频。如玻璃窗、门产生的振动，这种振动多发生在工厂。

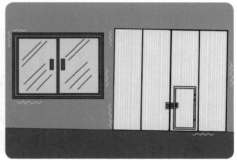

 # 三 **振动的危害**

（一）振动对人的影响

根据振动强弱，振动对人的影响大致有四种情况：①人体刚能感受到振动的信息，这就是通常所说的"感觉阈"。人们对刚超过感觉阈的振动，一般并不会有不舒适感，即这种振动对多数人而言是可容忍的。②振动的振幅加大到一定程度，人就会感觉到不舒适，或者做出"讨厌"的反应，这就是

"不舒适阈"。"不舒适"是一种心理反应，是大脑对振动信息的一种判断，并不会产生生理性的影响。③振动振幅进一步增加，达到某种程度，人对振动的感觉就由"不舒适"进到"疲劳阈"。对超过疲劳阈的振动，人们不仅会有心理的反应，还会出现生理的反应。这就是说，振动的感受器官和神经系统的功能在振动的刺激下受到影响，并通过神经系统对人体的其他功能产生影响，如注意力的转移、工作效率的降低等。对刚超过"疲劳阈"的振动来讲，振动停止以后，这些生理性的影响是可以恢复的。④振动的强度继续增加，就进到"危险阈"（或称"极限阈"）。超过危险阈时，振动对人不仅有心理、生理方面的影响，还将产生病理性的损伤。也就是说，这样强烈的振动将使感受器官和神经系统产生永久性病变，即使振动停止也不能复原。

1. 振动对生理的影响

振动对人的生理影响主要是损伤人的机体，引起循环系统、呼吸系统、消化系统、神经系统、代谢系统、感官的各种病症，损伤脑、肺、心、消化器官、肝、肾、脊髓、关节等。

2. 振动对心理的影响

人们在感受到振动时，心理上会产生不愉快、烦躁、不可忍受等各种反应。人对振动的感受很复杂，往往是包括若干感受在内的综合性感受。

一首《凉凉》
送给自己……

3. 振动对工作效率的影响

振动可使人视力减退，加长人用眼工作时所花费的时间。振动还能使人反应滞后，妨碍肌肉运动，影响言语交谈，造成复杂工作的错误率上升等。总而言之，振动易引起人体的生理和心理变化，导致工作效率降低。

（二）振动对构筑物的影响

振动通过地基传递到构筑物体内，导致构筑物出现破坏。如地基和墙壁龟裂、墙皮剥落，地基变形、下沉，门窗翘曲变形，构筑物坍塌。振动的影响程度取决于振动的频率和强度。此外，由于共振的

放大作用，振动在共振情况下频率和强度的放大倍数可达数倍甚至数十倍，因此将带来更严重的振动破坏和危害。

（三）其他影响

振动还将形成噪声源，以噪声的形式影响或污染环境，进而影响人们的正常生活。例如，打桩机、打夯机等强烈的地面振动源不但会产生地面振动，还会产生很大的撞击噪声，有时可达100 dB，这种空气噪声以声波的形式进行传递，从而引起环境噪声污染。

四 共振

据记载，唐朝时，洛阳寺院里有一个和尚，喜得一磬，不料那磬无故而鸣，和尚大为疑神疑鬼，吓得生起病来。和尚的一个朋友明白了缘由，悄悄用锉刀在磬上锉了几下，磬就再也没有自己响过，和尚的病也慢慢好了。

磬为什么会不敲自鸣呢?

这是共振引起的一种现象。当一物体的振动频率与另一物体的固有频率一致时，前者的振动能引发后者的振动。磬的频率偶然地和寺庙里钟的频率一样，因此每当钟响时，磬也因共振而发出嗡嗡之声。显然，和尚的朋友深通物理知识，他不仅知道这是一种共振现象，而且知道如何消除这种现象。他巧妙地在磬上锉了几下，这就改变了磬的固有频率，使磬与钟的频率不再相同，自然也就无法引起共鸣了。

在谈论共振之前，需要了解两个振动的基本物理量——振幅和频率。

在机械振动中，振幅是物体振动时离开平衡位置最大位移的绝对值，振幅在数值上等于最大位移的大小，单位用米或厘米表示。振幅描述了物体振动幅度的大小和振动的强弱。振动频率（以赫兹为单位）是单位时间物体的振动次数。以"荡秋千"为例，振幅是指秋千摆动起飞的最大高度。我们可以或缓慢或快速地摆动秋千，相应地，秋千的振动频率将发生变化。

当我们荡秋千时，用一定的推力，周期性地摆动秋千（在这种情况下，摆动着的秋千实际上是一个振荡系统），它会产生强迫振动。如果外力的频率跟系统的固有频率接近或相等时，强迫振动达到极大值，则将形成共振。固有频率与振动的初始条件无关，仅与系统的固有特性有关，如系统的质量、形状、材质等。物理共振现象的本质是当系统的影响频率与系统的固有频率一致时，振荡幅度急剧增加。

（一）共振的应用

共振是十分普遍的自然现象，几乎在物理学的各个分支学科和许多交叉学科中以及工程技术的各个领域中都可以观察到它的存在，都要考虑到它的影响。例如桥梁、码头等各种建筑，飞机、汽车、轮船、发动机等机器设备的设计、制造、安装中，为使建筑结构安全工作和机器能正常运转，都必须考虑到防共振问题。而有许多仪器和装置则需利用共振原理来制造。机械共振应用的典型例子是地震仪，它不仅是地震信息记录和地震预报研究的基本手段，也是研究地球物理的重要工具。利用原子、分子共振可以制造各种光源，如日光灯、激光以及电子表、原子钟等。电磁振荡的共振在无线电技术的研究发展中具有极重要的地位。电磁波信号的产生、接收、放大、分析处理都要靠共振来协助实现。可以说凡要用到电磁波的地方，一旦离开了电磁波的共振，设备功能将归零。共振还是人探索宇宙和认识微观世界的钥匙。人们可依靠共振来辨认、识别来自宇宙的电磁波，研究宇宙中星体的物质结构、能量、质量。还可以利用微观粒子的共振来实现对微观世界物理规律的认识，例如利用核磁共振可以进行物质的电子结构研究和核磁矩的测量。

不仅共振原理在物理学上得到高频率的应用，共振现象也被广泛运用于我们的生活，荡秋千暂且不论，我们每天收看节目的电视机、上网的网络，甚至是我们眼睛看到的一切事物，都是根据共振原理而使客体收到其发出的"信号"的。

听诊器的结构主要由三部分组成：耳具（接收声音）、皮管（传递声音）、胸具（收集声音）。听诊器是根据声音传播的原理制成的。胸具中的铝膜可以将心脏瓣膜振动产生的声音放大，并通过皮管、耳具传到医务人员的耳朵里。不仅使相应声音的音量达到了人耳"舒适"范围，同时遮蔽了其他的声音，使医务人员听得更清楚。

吉他琴弦振动单发出的声音是很小很小的，几乎是人们所不能听见的。然而一旦弦被安装在谐振器体上后，弦乐的声音就会被放大，握着吉他的人能感觉到它有轻微的"摇晃"，这其实是弦上的节拍振动所致。

收音机的调谐装置就是利用了电磁共振现象，以使收音机机体可准确接收某一频率的电台广播。

微波技术的研发也是基于共振原理。食物中水分子的振动频率与微波大致相同，微波炉加热食品时，炉内产生很强的振荡电磁场，使食物中的水分子作受迫振动，发生共振，将电磁辐射能转化为热能，从而使食物的温度迅速升高。

在修建桥梁时，需要先把管柱插入江底作为地基。当打桩机打击管柱的频率跟管柱的固有频率一致，管柱就会发生共振而激烈振动，使周围的泥沙松动，管柱就较容易克服泥沙的阻力而下插到江底，这就是共振打桩法。

除此以外，现代医学上还有运用音乐的艺术手段进行心理的、生理的和社会活动治疗，简称"音乐疗法（music therapy）"。音乐疗法也是一种可应用于康复、保健、教育领域的活动，近年来受到医学工作者越来越多的关注，其有效性正逐渐得到验证。

人体之所以会在特定的音乐环境中产生反应，与人体细胞本身的节奏有着密切的关系。科学家们用先进的实验方法测出，人体皮肤表面的细胞都在做微小的振动，这种微小的振动简称"微振"。实际上，人体全身所有的细胞都在做这样的"微振"，心脏、大脑、胃肠等处的细胞

存在的这种微振更为突出。在大脑皮层的统一指挥下，人体周身所有细胞都在按一定节奏做微振运动，合成一场非常协调的全身细胞"大合唱"。当一定节奏的音乐作用于人体时，如果这首音乐的节奏和人体生理上的"微振"节拍合拍时，两者便发生了共振，体内的微振加强，将使人体产生快感。音乐则是带来这种快感的媒介。当身体机能失调后，体内微振也就处于不正常状态，这时科学地选择某一音乐，有意识地借助音乐的力量，调整体内微振活动，使其恢复到正常状态，这将有利于治愈疾病。值得一提的是，音乐治疗的具体方法不只是让患者听歌曲，还包括了唱歌、演奏、身体律动及音乐创作，以利用音乐来达到恢复、维持、改善心灵及身体健康的目的。

（二）共振的危害及预防

1. 桥梁倒塌

19世纪初，一队拿破仑士兵在指挥官的口令下，迈着整齐划一的步伐，通过法国昂热市一座大桥，当他们快走到桥中间时，桥梁突然发生强烈的颤动进而断裂坍塌，造成许多官兵和市民落入水中并因此丧生。后经调查，造成这次惨剧的罪魁祸首，正是共振！因为大队士兵齐步走时，产生的频率正好与大桥的固有频率一致，使桥的振动加强，当桥的振幅达到最大限度直至

超过桥梁的抗压力时，桥就断裂了。类似的事件还曾发生在俄国和美国等地。有鉴于此，后来许多国家的军队都有一条规定：大队人马过桥时，要改齐走为便步走。

对于桥梁来说，不光是大队人马厚重整齐的脚步能使之断裂，风同样也能对之造成威胁。每年肆虐于沿海各地的热带风暴，也是借助共振而"为虎作伥"，使得房屋和农作物饱受摧残。近几十年来，美国及欧洲等国家和地区还发生了许多起高楼因大风造成的共振而剧烈摇摆的安全问题事件。

2. 机器损坏

机床运转时，运动部分总会有某种不对称性，从而对机床的其他部件施加周期性作用力，引起这些部件的受迫振动，当这种作用力的频率与机床的固有频率接近或相等时，会发生共振，从而影响加工精度，加大机械钢铁的疲劳破坏，加大机械的损害力度。

3. 其他共振相关危害及预防案例

由于共振的力量，巨大的冰川能被"温柔"的海洋波涛拍击撞裂。甚至是在美国阿拉斯加李杜牙湾经常出现的高达上百米的巨浪现象中，共振也发挥了很大的"推波助澜"的作用。还有雪崩，翻船……

在冰山雪峰间，动物的吼叫声引起空气的振动，当频率等于雪层中某一部分的固有振动频率时，会发生共振，从而形成雪崩，因此，登山队员于攀登期间严禁高声说话。

轮船在航行时，会因受到周期性的波浪冲击而左右摇摆。如果波浪冲击力的频率与轮船的固有频率相同，就会发生共振，使轮船的摆幅增大，甚至可以使船倾覆。这时可以改变船的航向和速度，使波浪冲击的频率与船的固有频率产生差值，以保证自身安全。

共振现象具有两重性，我们既要利用共振现象为人类造福，又要防止共振现象给工农业生产和人民生活带来危害。

五 振动的评价与标准

（一）振动的评价指标

在环境振动测量中，一般选用振动加速度级作为振动强度参数，单位为分贝（dB）。振动加速度级定义为

$$L_a = 20\lg \frac{a_e}{a_{ref}}$$

式中 a_e——加速度有效值，m/s^2；

　　　a_{ref}——加速度参考值，m/s^2，国外一般取 $a_{ref} = 1 \times 10^{-6}\ m/s^2$，我国取 $a_{ref} = 1 \times 10^{-5}\ m/s^2$。

（二）环境振动标准

1. 《城市区域环境振动标准》（GB 10070—1988）

环境振动是环境污染的一个范畴，铁路振动、公路振动、地铁振动、工业振动均会对人们的正常生活和休息产生不利的影响。我国于1989年7月1日开始实施《城市区域环境振动标准》（GB 10070—1988），本标准规定了城市各类区域铅垂向Z振级标准值（见表4-1），适用于连续发生的稳态振动、冲击振动和无规则振动。标准同时配有监测方法。

表4-1　城市各区域环境振动标准值

单位：dB

适用地带范围	昼间	夜间
特殊住宅区	65	65
居民区、文教区	70	67

适用地带范围	昼间	夜间
混合区、商业中心区	75	72
工业集中区	75	72
交通干线道路两侧	75	72
铁路干线两侧	80	80

注：①每日发生几次的冲击振动，其最大值昼间不允许超过标准值10dB，夜间不超过3dB。
②适用地带范围的划定：
"特殊住宅区"是指特别需要安宁的住宅区。
"居民区、文教区"是指纯居民区和文教、机关区。
"混合区"是指一般商业与居民混合；工业、商业、少量交通与居民混合区。
"商业中心区"是指商业集中的繁华地区。
"工业集中区"是指在一个城市或区域内规划明确的工业区。
"交通干线道路两侧"是指车流量为每小时100辆以上的道路两侧。
"铁路干线两侧"是指距每日车流量不少于20列的铁道外轨30米外两侧的住宅区。

2. ISO/DIS 2631环境振动标准

人在居住区承受环境振动的评价，一般以人体刚能感觉到的振动加速度（感觉阈）为允许界限，在界限以下可以认为基本没有影响。国际标准化组织推荐使用ISO/DIS 2631给出的环境振动标准见表4-2。

表4-2 ISO/DIS 2631环境振动标准

地点	时间	振动级/dB（$a_{ref} = 1 \times 10^{-6}\,m/s^2$）					
		连续振动、间歇振动、重复振动			每天数次的振动		
		X（Y）	Z	混合轴	X（Y）	Z	混合轴
严格控制区 严格工作区（医院手术室、精密实验室）	全天	71	74	71	71	74	71
住宅	白天	77～83	80～86	77～83	107～110	110～113	107～110
	夜间	74	77	74	74～79	77～100	74～97

续表

地点	时间	振动级/dB（$a_{ref} = 1 \times 10^{-6}\,\text{m/s}^2$）					
		连续振动、间歇振动、重复振动			每天数次的振动		
		$X(Y)$	Z	混合轴	$X(Y)$	Z	混合轴
办公室	全天	83	86	83	113	116	113
车间	全天	89	92	89	113	116	113

标准中的振动级采用的也是ISO 2631的全身振动频率计权加速度级。坐标采用人体坐标系，从脚到头的方向定为Z轴，从右侧到左侧的方向定为Y轴，从背到胸的方向定为X轴。当居住者的姿势不固定，或站、或卧、或坐时，将采用混合轴相对应的限值。

六　振动的防治

在实际工程中，振动现象是不可避免的。任何一个振动系统都可概括为三部分：振源、振动途径和接受体，并按照振源、振动途径、接受体这一途径进行振动的传播。根据振动的性质及其传播的途径，振动的防治方法则主要是通过控制振源、切断振动的途径和保护接受体三种渠道来实现防治目的。人们在长期的实践中，积累了丰富的控制振动的有效方法。

1. 控制振源

就机械设备而言，虽然不同设备的振源不同，但通过改进振动设备的设计和提高制造、加工和装配精度使其振动减小的方法却是最有效统一的控制振动的方法。

2. 防止共振

在需要利用共振的时候，应该使驱动力的频率等于或接近振动物体的固有频率。而在需要防止共振危害的时候，就要想办法使驱动力的频率和固有频率产生差异，而且相差得越多越好。例如人们在电影院、播音室等对隔音要求很高的地方，常常采用加装一些海绵、塑料泡沫或布帘的办法，使地板、墙壁的固有频率和声音的频率相差较多，从而使声音的振动无法引起地板和墙壁的共振。又如电动机要安装在水泥浇注的地基上，与大地牢牢相连，或要安装在很重的底盘上，为的是改变基础部分的固有频率，以增大其与电机的振动频率（驱动力频率）之差来防止地基的振动。此外，还可以从控制策动力大小方面来防止共振。如在造电动机、风扇时，都尽量使之质量分布均匀，尽量使其重心落在轴上，以减小共振带来的危害。

3. 隔振技术

对于环境来说，振动的影响主要是通过振动的传递来达到的，因此减少或隔离振动的传递就可以有效地控制振动。隔振就是利用振动元件阻抗的不匹配来达到减少振动传播的目的。隔振技术常应用在振源附近，把振动能量限制在振源上而尽量使其不向外界扩散，以免激发其他构件的振动；有时也应用在需要得到保护的物体附近，即把需要低振动的物体同振动环境隔开，避免物体受到振动的影响。相应地，根据激振源的不同，隔振可分为两类：一类是积极隔振，又称主动隔振，即用隔振器将振动着的机器与地基隔离开，减少机器振动激振力向地基的传递量，使机器的振动得以有效隔离，水泵、发动机、锻锤机械等的隔振就属此类。另一类是消极隔振，又称被动隔振，即在设备下安装隔振器，减少基础部分的振动对设备的影响程度，使设备能正常工作或不受损害。车辆的乘座、精密仪器的安装、环境运输的包装、舰艇上导弹发射架的隔振等都属此类。

常用的隔振器材有天然或人造橡胶制品、金属弹簧制品、不锈钢丝网制品以及近十年出现的多种高分子化合物的粘弹性材料制品。这些器材既可用来隔振，又能起抗冲、降噪作用。

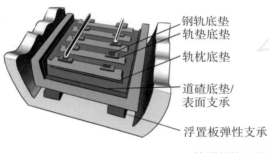

钢轨底垫
轨垫底垫
轨枕底垫
道碴底垫/
表面支承
浮置板弹性支承

轨道结构积极隔振

> 积极隔振的目的是为了降低设备的扰动对周围环境的影响，同时使设备自身的振动减小。

> 消极隔振的目的是为了减少地基的振动对设备的影响，使设备的振动小于地基的振动，达到保护设备的目的。

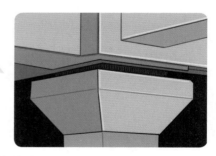

建筑物基础安装减振支座

4. 阻尼减振

阻尼减振，即用附加的子系统连接于有减振需求的结构或系统以消耗其振动能量，从而达到控制振动水平的目的。阻尼减振技术能降低结构或系统在共振频率附近的动响应效果。

阻尼减振与隔振在性质上是不同的，减振是在振源上采取措施，直接减弱振动；而隔振措施并不一定要求减弱振源的本身振动幅度，而只是把振动加以隔离，使振动不容易传递到需要控制的部位。

阻尼减振有两种方式：一类是非材料阻尼，如各种成型的阻尼器；另一类是材料阻尼，如各种粘弹性阻尼材料以及复合材料。阻尼的作用是将振动的动能转化为热能而再将其消耗掉。粘弹性阻尼材料是应用范围较广泛的非金属阻尼材料，在工程上常常将它与金属板材粘结成具有很高的强度又有较大结构损耗因子的阻尼结构，来抑制和减弱随机振动和多自由度的结构共振。

阻尼弹簧减振器

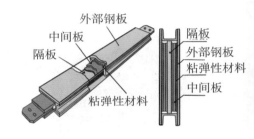

粘弹性金属阻尼器

七　走进生活

（一）地铁时代的喜与忧

地铁是在城市中修建的速度快、运量大、用电力牵引的轨道交通，已经成为全国各大城市，特别是北京、上海这样的超大型城市的交通动脉，每天快速运送着数以百万计的人流。如今规模巨大的地铁网络正在向更多的城市快速发展，成为大多数人上班出行的首选交通工具。

1. 地铁的潜藏优势

①运输能力大。地铁由于高密度运转、列车行车时间间隔短、行车速度

高、列车编组辆数多而具有较大的运输能力，是其他常规城市公共交通工具所不能比拟的。

②准时，正点率高。地铁由于在专用行车道上运行，不受其他交通工具干扰，不产生线路堵塞现象并且不受气候影响，是全天候的交通工具，列车能按运行图运行，具有可信赖的准时性。

③速度快，可节省通勤时间。地铁拥有较高的运行速度，较高的启、制动加速度，多数采用高站台，列车停站时间短，上下车迅速，而且换乘方便，可使乘客较快地到达目的地，大大缩短出行时间。

④环境污染小。由于采用电气牵引技术，同普通的公共汽车不同，地铁并不产生废气污染。地铁交通的发展还能减少公共汽车的数量和降低人们驾驶汽车出行的频率，进一步减少了废气排放。此外，由于在线路和车辆上采用了各种降噪措施，地铁一般不会对城市环境产生严重的噪声污染。

⑤充分利用地下和地上空间。大城市往往地面拥挤、土地费用昂贵，而地铁由于充分开发利用了地下空间，并不怎么占用地面街道，能有效缓解由于汽车数量大量增长而造成道路的拥挤、堵塞问题，有利于城市空间的合理利用，特别有利于缓解大城市中心区过于拥挤的状态，提高土地利用价值，并能改善城市景观。

⑥安全性高。地铁运行在专用轨道上，无平交道口，不受其他交通工具干扰，通信信号设备先进，极少发生交通事故，故安全性相对较高。

⑦舒适性高。与常规公共交通相比，地铁运行在不受其他交通工具干扰的线路上，因而具有较好的运行特性，加上车辆、车站等配有空调、引导装置、自动售票等直接为乘客服务的设备，具有良好的乘车条件，其舒适性优

于公共电车和公共汽车。

2. 地铁时代之"忧"

虽然地铁的发展给人们带来了很大的便利，但地铁产生的振动问题亦对人们的生产和生活环境造成了不可忽视的影响。

有科研工作者曾对北京600户居民开展主观调查，结果表明：当振动达65～70 dB时，能感受到明显振动的居民比例高达96.9%，并有20%的居民表示出现心烦、情绪急躁和心跳加速，有相当部分的人群认为振动现象会对自身的睡眠质量产生一定影响。在国际上，一些国家已将振动列为"七大环境公害之一"。

地铁列车在运行中产生的振动，是按照地铁列车—轨道—隧道—土层—建筑物的顺序进行振动能量的传播的。由此可知，地铁列车振动、传播和影响可以分为四个子系统：地铁列车系统、轨道系统、隧道—土层的传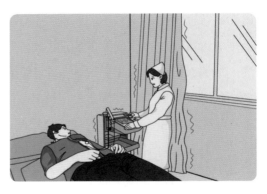播介质系统、地基土层表面和建筑物的振动接受体系统。四个子系统相互作用和相互影响。因涉及岩土工程、结构工程、铁道工程等诸多学科和领域，地铁列车引起的振动问题显得十分棘手与复杂。概括起来，振动影响的因素主要有线路条件、车辆结构、列车速度、轨道结构、隧道结构、地质条件、隧道埋深、行车密度和运量、轨道和车辆的养护维修水平等。例如线路条件因素。线路条件包括曲线半径、坡度、道岔、线间距等，大量实测表明，列车在曲线上运行时，地表的横向振动分量明显增加；一般城市轨道交通线路的曲线长度可达整个线路长度的60%以上，计算分析表明，曲线轨道的振动响应大于直线轨道的响应，且响应频谱更为丰富。又如轨道和车辆的养护维修水平因素。车辆和线路的工作状态，尤其轮轨关系，对振动噪声有较大影响，钢轨和车轮打磨、扣件维修、轮轨接触面摩擦管理，以及小半径曲线等相关养护技术和维修管理水平，与轨道交通环境振动影响及噪声水平直接相关。有鉴于此，地铁振动污染防治亦涉及线路选择、城市规划和管理、车辆制造技术、轨道结构类型以及运营管理等诸多方面。下面主要从车辆减振、轨道结构减振、隧道埋深等方面加以介绍。

车辆结构包括车辆的类型、轴重、轴距、悬挂特性等。车辆的轴重影响振动准静态低频分量的能量集度，而列车各轮轴间的相对位置关系则直接影响着振源的频率特性。

· 车辆减振措施

（1）车辆轻型化。据日本轨道交通研究，车辆轴重与振动加速度级存在以下关系：

$$\Delta L = 20 \lg \frac{W_1}{W_0}$$

式中　W_1——车辆轻量化后的轴重；

　　　W_0——车辆轻量化前的轴重。

由式可知，当车辆轴重由16 t减至11 t时，车辆产生的振动约降低3 dB。

（2）车轮平滑化。列车运行引起的振动，通常可分为准静态激励和动态激励两部分。准静态激励与轴重的静态成分相关，其频率相对较低；动态激励与车辆—轨道动力相互作用相关，其频率相对较高。轨道不平顺、车轮圆顺度是动态激励的主要诱因。采用弹性车轮、阻尼车轮和车轮踏面打磨等使车轮平滑化的措施，可有效降低车辆振动强度。

· 轨道结构减振措施

轨道既是列车运行过程中引起列车振动的主要振源之一，也是承担和传递振动的第一子结构，因此轨道的结构型式、材料组成及其相应的动力特性，极大地影响着轨道交通环境振动的特性。轨道结构型式的动力特性随着轨道单元的质量、刚度和阻尼的不同而改变，改变轨道的动力特性意味着直接改变了振源的频率组成及振动强度。对轨道结构动力特性的合理优化，有助于设计出不同的减振轨道产品；相反，不合理的设计会恶化轮轨之间的相互作用关系。

（1）采用重型钢轨和无缝线路。重型钢轨不仅可增强轨道的稳定性，减少养护维修工作量和降低车辆运行能耗，而且能减少列车的冲击荷载。资料表明，车辆在60 kg/m钢轨上运行产生的振动较50 kg/m钢轨降低10%。

车辆在钢轨接头处产生的振动是非接头外的3倍，因而铺设无缝线路、减少钢轨接头，可大大减少列车振动源强。

（2）扣件减振措施。扣件能固定钢轨、阻止钢轨的纵向和横向位移、防止钢轨倾覆，还能提供适量的弹性，具有较好的减振效果。在减振要求较高的地段，常采用轨道减振扣件。

轮轨不平顺激发轮轨噪声

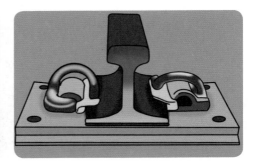

轨道减振扣件

· 隧道埋深

研究表明，地表振动强度与隧道埋深成反比，适当增大隧道埋深有助于减小地表噪声和振感。一般来说，地铁埋深在10～20 m之间。由于各城市轨道交通线路间的地质、地势条件千差万别，地铁隧道埋深也是不尽相同的。目前，我国隧道埋深最浅的天津地铁，深度在6 m左右，有的路段甚至只有2～3 m，还没有一层楼房高；而全国"最深地铁"，2022年正式开通的重庆9号线红岩村站的最大深度达到了116 m，比此前全国"最深地铁"——同是位于重庆的10号线红土地站还要深22 m，相当于40层楼的高度。

据悉，我国每年因振动、噪声引发的投诉事件呈上升趋势。目前除少数城市拥有自定的标准或规范外，国内大多数城市轨道交通建设都严格执行环境评价国家标准，即我国1988年颁布的《城市区域环境振动标准》和1993年颁布的《城市区域环境噪声标准》。由于有轮轨接触的振源和传播途径的存在，地铁运行产生振动和噪声是不可避免的。但依照目前的技术水平，只要严格按照规划设计建设，地铁防振降噪是可控的，可以降到大多数老百姓能够接受的满意水平，切实改善居民环境，不让地铁变"地震"。

（二）科学预防振动职业病

适宜的振动有益于身心健康，对人体具有增强肌肉活动能力、解除疲劳、减轻疼痛、促进代谢、改善组织营养、加速伤口恢复等功效。在生产过程中，由机器转动、撞击或车船行驶等产生的振动为生产性振动。在生产条件下，作业人员接触的振动强度大、时间长，极易对人体产生不良影响，甚至引起疾病。

1. 什么是振动病

振动病是在人们在生产劳动中长期受外界振动影响而引起的职业性疾病。按振动对人体作用的方式，振动病的诱因可分为全身振动和局部振动两种。

（1）全身振动指工作地点或座椅的振动，人体足部或臀部接触振动而通过下肢或躯干传导至全身。在交通工具上作业如驾驶拖拉机、收割机、汽车、火车、船舶和飞机等，或在作业台如钻井平台、振动筛操作台、采矿船上作业时，作业工人主要受全身振动的影响。

接触强烈的全身振动可能导致人体出现内脏器官的损伤或位移、周围神经和血管功能的改变，可造成各种类型的组织的、生物化学的改变，导致组织营养不良，如足部疼痛、下肢疲劳、足背脉搏动减弱、皮肤温度降低，女工可出现子宫下垂、自然流产及异常分娩率增加等不良现象。一般人可出现性机能下降、气体代谢增加等异常。振动加速度还可使人出现前庭功能障碍，导致内耳调节平衡功能失调，出现脸色苍白、恶心、呕吐、出冷汗、头疼头晕、呼吸浅表、心率和血压降低等症状。晕车晕船即属全身振动性疾病。全身振动还可造成腰椎损伤等运动系统影响。全身振动引起的功能性改变，经脱离接触振动源和休息后，多能自行恢复。

（2）局部振动常称作手传振动或手臂振动，系指手部接触振动工具、机械或加工部件，振动通过手臂传导至全身的现象。有机会接触局部振动的作业，常见的是使用风动工具（如风铲、风镐、风钻、气锤、凿岩机、捣固机或铆钉机）、电动工具（如电钻、电锯、电刨等）和高速旋转工具（如砂轮机、抛光机等）。

局部接触强烈振动

的发生方式以手接触振动工具的方式为主，由于工作状态的不同，振动可传给一侧或双侧手臂，有时可传到肩部。长期持续使用振动工具可能会引起末梢循环、末梢神经和骨关节肌肉运动系统障碍，严重时可引起国家法定职业病——局部振动病。局部振动病也称职业性雷诺现象、振动性血管神经病或振动性白指病等，发病部位多在上肢，典型表现为发作性手指发白（白指症），患者多为神经衰弱综合征和手部症状。

2. 振动病的预防措施

目前对振动病尚无特效的药物和治疗方法，因此，振动病重在预防。

·消除或减少振动源的振动

消除或减少振动源的振动是控制噪声危害的根本性措施。通过工艺改革尽量消除或减少产生振动的工艺过程，如焊接代替铆接，水利清砂代替风铲清砂。采取减振措施，减少手臂直接接触振动源。

·限制作业时间

在限制接触振动强度还不理想的情况下，限制作业时间是防止和减轻振动危害的重要措施。生产管理者应制定合理的作息制度和工间休息规定。

·改善作业环境

改善工作场所中存在的寒冷、噪声、毒物、高气湿等不良环境条件，特别是注意防寒保暖。

·加强个人防护

合理使用防护用品也是防止和减轻振动危害的一项重要措施，如穿戴减振保暖的手套。

·医疗保健措施

就业前查体，检出职业禁忌证。定期体检，争取早期发现手振动危害的个体，及时治疗和处理。

·职业卫生教育和职业培训

进行职工健康教育，对新工人进行技术培训，尽量减少作业中的静力作用成分。

总之，振动病应以预防为主，工作中应加强个人防护，平时经常做好手臂和手指的锻炼，改善局部的神经功能及血液循环。加强营养，经常补充维生素B1、维生素C等。轻度振动病患者，应调离接触手传振动的作业，进行适当治疗，并根据情况安排其他工作。中度和重度振动病患者，必须调离振动作业，积极进行治疗。

第五篇 热

环境的冷和热，是人们在日常生活里最熟悉、最关心的话题。环境的温度太低、天气太冷，人们必须穿上厚厚的衣服以抵御寒冷，防止感冒或冻伤；环境的温度太高、天气太热，人们必须设法降温，防止中暑。总之，环境温度的过高或过低对人类的生活和生存都是不利的。在热力学中，温度是一个十分重要的状态参量。适宜的温度是人类和动植物的生存的重要物理条件之一，环境温度的改变影响着人们的生活、工作和一切社会活动。

一 热环境与热污染

1. 热环境

热环境又称环境热特性，是提供给人类生产、生活及生命活动的生存空间的温度环境。热环境又可分为自然热环境和人工热环境。

自然热环境主要热源是太阳，其热特性取决于环境接收太阳辐射的具体情况，与环境中大气同地表间的热交换有关，同时还受气象条件的影响。

人工热环境的热源为房屋、火炉、机械、化学反应设备等设施。人工热环境是人类为防御、缓和外界环境剧烈的热特性变化而创造的更适于生存的热环境，人类的各种生产、生活和生命活动都是在人工热环境中进行的。

2. 热污染的定义及分类

环境中的热污染，是指日益现代化的工农业生产和人类生活中排放出的废热所造成的环境热量污染，损害环境质量，进而影响人类生产、生活的一种增温效应。

热污染可以分为大气热污染和水体热污染。高温热源排放的热量，大量进入大气，导致大气温度异常升高，这种现象及其带来的影响，称为大气热污染。污染源主要是城市大量燃料燃烧过程产生的废热，高温产品、炉渣和化学反应产生的废热等。同样地，高温热源排放的热量，大量进入水体，导致水体温度异常，这种现象及其带来的影响，称为水体热污染。污染源主要是热电厂、核电站、钢铁厂的循环冷却系统排放热水，石油、化工、铸造、造纸等工业排放含大量废热的废水。

二 热污染排放源

一切造成环境温度异常升高的热排放源，都叫作热污染源。热污染源可分自然热污染源和人为热污染源。

1. 自然热污染源

在自然界里，火山爆发、森林大火、地热异常排放，都可能导致环境温度的异常升高，所以它们都是热污染源。太阳是热源，但不是热污染源。它释放的热量，不会造成环境温度的异常升高，而是作为稳定地表温度和大气温度的热量来源。此外，裸露在地面的热辐射，也是自然热污染源。地表的草地、森林植被等减少，土地沙漠化，将增加更多的裸露地面面积，进而使地面热辐射增强，热排放增加。

2. 人为热污染源

人为活动中向外界排放热量的设施、设备和装置，称为人为热污染源。根据热排放特点和方式的不同，人为热污染源主要分为以下几类：

（1）电器散热。运行中的电动机、发电机及其他许多电器，通过散热装置向环境中释放热量，导致环境气温异常升高，因此，它们都是很重要的人为热污染源。如在炎热的夏天，人们已经把空调机作为通风降温的理想设备。空调机排放的热风，导致环境中的温度异常升高，造成环境的热污染。因此空调机的热排放，亦已成为重要的一类人为热污染源。

（2）燃料燃烧散热。例如，工业和民用锅炉、炉灶的散热，冶炼工厂的窑炉散热，以及汽车、飞机、轮船、火车，甚至火箭燃料燃烧产生的热排放，都是人为热污染源。

（3）物理和化学反应过程散热。例如，核反应堆的散热、化工厂的反应炉散热，都是人为热污染源。

（4）工厂废热水、废气排放散热。火力发电厂、核电站、钢铁厂的冷却系统排放的温度很高的废水，不仅造成江河、湖泊等水体温度升高，同时也导致地面气温升高，是造成空气环境热污染的重要热源。火电厂燃料燃烧产生的热量中，有12%随烟气排放到大气里，40%转化为电能，48%使冷却水升温。在核电站里，能耗中有33%转化为电力，67%转入冷却水中而使水体温度升高，水体温度的升高实际上也会导致空气温度的升高。

（5）军事工程散热。例如，原子弹和氢弹爆炸过程释放巨大的热量，导致环境温度急剧升高。原子弹和氢弹爆炸是人类最可怕的热污染源。

（6）人体散热。与环境温度相比，每一个人都是一个高温热源。一个成年人的身体向环境所辐射出的热量相当于一个146 W的电热器所发出的能量。在人群密集的地方，人的群体散热是相当可观的。一个室温原本

只有12℃的大商场里，由于顾客密集，人体总的释放热量甚至可以使商场内的温度达到20℃以上。

（7）其他热源。餐饮行业加工食品过程中的热排放、街头的无序烧烤、春节期间的烟花爆竹燃放、烟民的抽烟等活动都会向环境排放热量，它们也都是人为热污染源。

三　热污染的危害

热污染导致的环境温度异常升高将会使人类和其他一切生物生存的最佳温度环境发生改变，对人类的健康、动植物的正常繁衍生息，构成直接的或间接的、潜在的或现实的严重危害或者不良影响。

1. 热污染对水体的影响

水体热污染首当其冲的受害者是水生生物。通常，水体中的溶解氧含量，在水体温度升高的时候会减少，而温度降低的时候会增加，例如5℃时的水中溶解氧含量为20℃时的1.5倍。由于水温升高使水中溶解氧减少，水体处于缺氧状态；同时，水温升高还会促使水生生物的新陈代谢加快（如在0至40℃内，温度每升高10℃，水生生物生化反应速率会加快1倍），也就意味着，为维持生

存，水生生物需要消耗更多的溶解氧，从而导致一些水生生物在热效力的作用下发育受阻或死亡。不仅如此，微生物分解有机物的能力也随温度的升高而增强，导致水体缺氧更加严重、厌氧菌大量繁殖、有机物腐败、水体发生黑臭，影响周边环境和生态平衡。热污染还会促进底泥中营养物质的释放，导致水体离子总量特别是N、P含量的增高，加剧水体富营养化。

水体升温给一些致病微生物滋生繁衍提供"温床"，或引发流行性疾病，危害人类健康。澳大利亚曾流行的一种脑膜炎，后经科学家证实，其祸根是一种变形原虫，具体是由于发电厂排出的含热废水使河水温度增高，这种变形原虫在温水中大量滋生，造成水源污染而引起了这次脑膜炎的流行。

膜炎

此外，毒性比较大的汞、铬、砷、酚和氰化物等的化学活动性和毒性都因水温的升高而增加。环保专家测得，水温由8℃升到18℃，可使氰化钾对鱼的危害程度增加1倍。

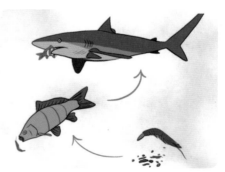

对水生动物的危害

2. 热污染对大气环境和气候的影响

随着人口数量的增长和现代工业化的发展，人类直接排入环境的"废热"日益增多，造成局部区域大气温度升高明显。特别是工业革命以来，世界能源以热的形式进入大气，并且能源消耗的过程中还释放出大量的副产物如二氧化碳、水蒸气和颗粒物等，加剧大气温室效应，导致全球气候变暖。可以说，全球气候变暖是一种温室效应与热污染效应相叠加的物理现象。2021年8月9日，联合国政府间气候变化专门委员会（IPCC）发布报告《气候变化2021：自然科学基础》，报告显示：2011—2020年全球表面温度要比1850—1900年暖1.09℃，全球所有地区都将受到影响，亚洲或许更为明显。亚洲地区观测到的平均温度的升高，已经超出自然变率的范畴，极端暖事件在增加、极端冷事件在减少，这一趋势未来将延续，而海洋热浪将继续增加。

3. 热污染对人体健康的危害

在高温环境里，人体的免疫功能下降，对疾病的抵抗力减弱，容易罹患各种疾病。专家们研究证明，人体感觉最舒适的环境温度范围是25～29℃。如果环境温度超过29℃，人们就会开始感觉到不舒适。如果气温高于35℃，人们就会感觉到燥热、心悸、心慌。气温继续升高，将会导致中暑、精神紊乱，甚至引发心脏病、脑血管和呼吸系统疾病，危及人的生命。

此外，温度的升高亦为苍蝇、蚊子以及其他病原体微生物提供了繁衍的条件，导致疟疾、登革热、流行性脑炎等疾病的扩大流行。

四 热污染的有效防护措施

为了避免热污染给环境带来更大的影响，应采取一定措施以减少热污染，将其控制在环境可承受的范围内并进行资源化利用。

1. 提高人们对热污染的认识

目前，大众对热污染还缺乏一定的认识。相关部门应加大热污染对环境影响的推广宣传，让大家能够更加深入地了解热污染的危害，便于做好相关的防治工作。

2. 充分利用废热能源

造成热污染最根本的原因是能源未能被最有效、最合理地利用。充分利用工业生产过程中的余热，包括高温烟气余热、高温产品余热、冷却介质余热、废水废气余热等是降低热污染的主要措施。例如，在发电系统以及建材、冶金、

化工等企业生产过程中，可以通过热交换器利用余热来预热空气与原燃料、干燥产品、生产蒸汽、调节水温等。在农业生产上，废水余热被广泛应用于渔业养殖：室外土壤增温、灌溉、温室保暖、农作物以及家畜居住场所的环境温度调节等。对于冷却介质余热的利用方面，主要是电厂和水泥厂等冷却水的循环使用，从而改进冷却方式，减少冷却水排放。此外，压力高、温度高的废气，可以通过汽轮机等动力机械直接将热能转化为机械能。

3. 加强隔热保温，防止热损失

在工业生产中，有些窑体要加强保温、隔热措施，以降低热损失，如水泥窑筒体用硅酸铝毡、珍珠岩等高效保温材料，既减少热散失，又降低水泥熟料热耗。

4. 寻找开发新能源

调整能源结构，合理开发利用水能、风能、地能、潮汐能和太阳能等新能源，在减少热污染、保护环境的同时，又满足人类生活的需求。目前比较成功的研发成果当数太阳能，它清洁、无污染，对环境无危害且不会枯竭，世界各国均投入了大量的人力和财力对其进行研发，并均已取得一定的效果。如今，太阳能产品已经成为许多人生活中的必需品。

目前，由于人们对热污染缺乏一定的了解和认识，加上我国尚未确立相关具体量值来对其污染程度进行划分，导致热污染对环境的影响越发严重。为此，科学家呼吁在加强

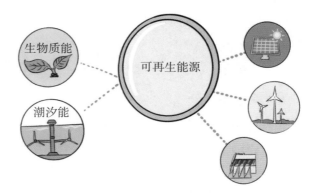

热污染危害和防治相关知识宣传的同时，尽快制定环境热污染控制标准，采取相关有效措施以防止热污染。

五　走进生活

（一）我们的城市变热了？

"热、热、热"，一到夏天，不管是南方还是北方的城市，人们的话题不约而同地集中到这个字上来。人们不禁要问：我们的城市为什么这么热，而远郊特别是乡村则凉快很多？其实，造成这种差异的导火索是城市化进程中常见的城市热岛效应。

1. 什么是城市热岛效应？

南宋时期著名的文学家和诗人陆游写有一首《秋怀》："园丁傍架摘黄瓜，村女沿篱采碧花。城市尚余三伏热，秋光先到野人家。"此诗不仅读来质朴脱俗，还隐藏着气候知识。前两句写了农村田园生

活的闲适景象，而后两句则十分有趣，意为城市里还残留着三伏的暑气，而乡野间已经步入了秋的怀抱。

同样的季节，为什么城市和乡村气温会有如此大的差别呢？

我们先来了解一个概念——城市热岛效应。城市热岛效应，顾名思义，发生在大都市地区，就是指城市中的空气温度明显高于城市外围郊区的现象。从近地面温度图上看，郊区气温变化很小，而城区高温区在温度图上就像是从海里突出海面的岛屿，因此形象地称这种效应为城市热岛。热岛效应是由于人们改变城市地表而引起小气候变化的综合现象，是城市气候最明显的特征之一，在冬季和夏季更明显，尤其是在夜间和风力较低的时候。

热岛强度以城区气温与郊区气温之差来表示。一般冬季城区平均最低气温比郊区高1～2℃，城市中心区气温比郊区高2～3℃，最大可相差5℃；夏季城市局部地区的气温有时甚至比郊区高出6℃以上。

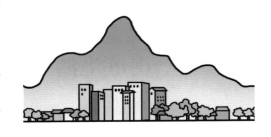

世界上热岛效应最强的是中高纬度的大中城市，德国柏林城区与郊区的温差曾一度高达13.3℃！随着城市化进程加快，城市热岛效应更加明显，对高温天气无疑起到了推波助澜的作用。

2. 城市热岛效应出现的原因

（1）城市下垫面的变化。城市化给自然环境所带来的影响是多方面的，其中，下垫面类型的改变是城市化造成的最直接的变化之一。城市的下垫面通常是由混凝土、沥青等构成的建筑物和道路组成的，这些人工构筑物吸

热快而比热容小，在相同的太阳辐射条件下，它们比自然下垫面（绿地、水面等）升温快、吸收热量多、蒸发耗热少、散失热量较慢，因而其表面温度明显高于自然下垫面。例如夏天里，草坪温度32℃、树冠温度30℃的时候，水泥地面的温度可以达到57℃，柏油马路的温度更是可高达63℃，这些高温物体形成巨大的热源，不断地辐射到我们生活的环境中。

植被有助于创造蒸散现象，这是水循环的一个重要阶段。在蒸散过程中，发生了两种相互作用：蒸发和蒸腾。蒸发过程中，水从土壤、树梢蒸发到周围的空气里；蒸腾过程中，植物的水分含量以蒸汽的形式通过植物叶片的气孔消失，有助于冷却周围的空气。城市绿地、水体等自然下垫面减少，建筑、道路等大量增加，放热的多，吸热的少，相应地，缓解热岛效应的能力就被削弱。

（2）人为热的释放。人为热是指人类活动（工业生产、家庭炉灶、采暖制冷、机动车辆）以及生物新陈代谢所产生的能量。人为热的过量释放改变了城市地区的热量平衡，是热岛效应形成的重要原因之一。

（3）空气污染。城市中的机动车、工业生产以及居民生活，产生了大量的氮氧化物、二氧化碳和粉尘等，导致城市上空大气组成改变，使其吸收太阳辐射和地表长波辐射的能力增强，从而强化了城市热岛效应。

3. 城市热岛效应的主要危害

（1）加剧城区夏季高温天气。原则上，一年四季都可能有城市热岛效应出现。但是，对居民生活和消费构成影响的主要是夏季高温天气下的热岛效应。为了降低室内气温和使室内空气流通，人们使用空调、电扇等电器，消耗大量电力，增加用电负荷，同时产生更多的废热，进而愈加增强了热岛效应。

（2）危害人体健康。医学研究表明，环境温度与人体的生理活动密切相关，当温度高于28℃时，人会有不舒适感；温度再逐渐升高，易导致烦躁、中暑和精神紊乱等人体不良反应的出现；气温高于34℃并加以热浪侵袭可引发心脏病、脑血管和呼吸系统

疾病，使人体死亡率显著增加。因此，在夏季热浪中，城市温度的升高可能是致命的，特别是对老年人来说。

长期生活在热岛中心区的人们会表现出情绪烦躁不安、精神萎靡、忧郁压抑、记忆力下降、失眠、食欲减退、消化不良、溃疡增多、胃肠疾病复发等，给城市居民的工作和生活带来说不尽的烦恼。

心脑血管疾病

城市热岛效应和城市空气污染之间存在密切的相互作用。受城市热岛效应的影响，城市中心存往往在一股上升气流，这股气流将在郊区下沉，同时郊区的冷空气又吹向城市，形成一个闭合的大气环流圈，这个过程被称为城市热岛环流。由于城市热岛环流的出现，郊区工厂排出的污染物被带入城市，造成二次污染，致使城市的空气污染情况更加严重。同时，污染物的大量聚集亦将有助于雾的产生，进而严重危害城市居民健康。热岛环流还会导

致污染物在城市上空聚集，加强大气对太阳长波辐射的吸收，加重热岛效应，形成恶性循环。

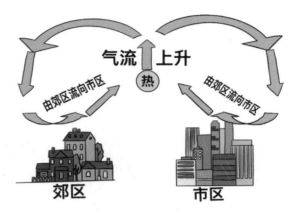

一方面，大量污染物在热岛中心聚集、浓度剧增，直接刺激人们的呼吸道黏膜，轻者引起咳嗽流涕，重者诱发呼吸系统疾病。尤其是患慢性支气管炎、肺气肿、哮喘病的中老年人还会因此引发心脏病，且其死亡率较高，如英国伦敦在1952年12月因此原因而死亡的有4000余人。另一方面，大气污染物还会刺激人体皮肤，导致皮炎的出现，甚而引起皮肤癌。

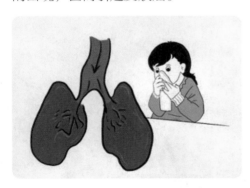

（3）引起异常天气现象。城市热岛效应可能引起暴雨、飓风和云雾等异常天气现象，即所谓的"雨岛效应""雾岛效应"和"城市风"。热岛效应亦阻碍了城市云雾（工业生产和生活中排放的污染物形成的酸雾、油雾、烟雾和光化学雾等的混合物）的扩散。

（4）局部地区水灾。城市热岛效应可能造成局部地区水灾。城市产生的上升热气流与潮湿的海陆气流相遇，会在局部地区上空形成积乱云，而后降下暴雨，每小时降水量可达100 mm以上，从而在某些地区引发洪水，造成山体滑坡和道路塌陷等。

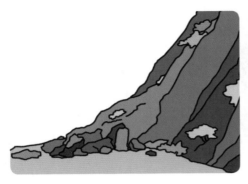 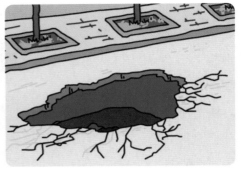

（5）导致气候、物候失常。日本近年出现的樱花早开、枫叶迟红、气候亚热带化等现象都是热岛效应所致。

此外，城市热岛效应还会使城市供水紧张情况加剧，导致火灾多发，为细菌、病毒等的滋生蔓延提供温床，甚至威胁到一些生物的生存并破坏整个城市的生态平衡。

4. 城市热岛效应时空分布特征

（1）城市热岛强度随时间的变化。热岛强度随时间主要表现出2种周期性的变化，即日变化和年变化。在晴朗无风的天气下，日变化表现为夜晚强、白昼午间弱；年变化表现为秋冬季强、夏季弱。城市热岛强度不但有周期性变化，而且还有明显的非周期性变化。热岛强度的非周期性变化主要与当下的风速、云量、天气形势和低空气温直减率有关，主要表现为风速越大，云量越多，天气形势越不稳定，低空气温直减率越大，热岛强度就越小，甚至不存在热岛；反之，"热岛"强度就越大。

（2）城市热岛强度随空间的变化。城市热岛的水平分布表现于热岛出现在人口密集、建筑物密度大、工商业最集中的地区，而郊区则有较好的植被覆盖，或者农田密布，热岛强度小。热岛的空间分布因高度的不同而有所差别：表现在白天城郊差别不明显；夜晚城郊热岛强度差别大，并且强度的差别随高度的升高而缩小，到了一定的高度还会出现"交叉"现象。

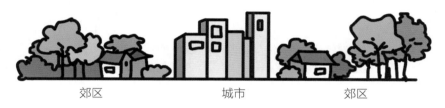

郊区　　　　　城市　　　　　郊区

5. 城市热岛效应的防治

防治城市热岛效应，可采取以下措施。

①增加自然下垫面的比例，大力发展城市绿化，营造各种"城市绿岛"。

大量研究表明，城市植被、水体及湿地是城市生态系统中的重要组分，它们可减缓城市的环境压力，减轻热岛效应，助力实现城市生态系统的良性循环。当一个区域的植被覆盖率达到30%时，城市绿地对热岛效应即有较明显的削弱作用。因此，加强城市绿化，改善城市下垫面的热属性是缓解热岛效应的关键措施。

海绵城市是新一代城市雨洪管理的相关概念，就是通过屋顶绿化、使用雨水收集利用设施等措施，让城市像"海绵"一样，能够吸收和释放雨水，弹性地适应环境变化，应对自然灾害，做到"小雨不积水，大雨不内涝，水体不黑

臭"，同时缓解城市"热岛效应"。在新形势下，海绵城市是推动绿色建筑建设、低碳城市发展、智慧城市形成的创新表现，能让城市更好地进行"呼吸"。

②加强工业整治及机动车尾气治理，限制大气污染物的排放，减少对城市大气组成的影响。

③调整能源结构，提高能源利用率，发展清洁燃料，开发利用太阳能等新能源，减少向环境排放人为热。

④开发、使用反射率高、吸热率低、隔热性能好的新型环保建筑材料。

⑤通过控制人口数量、增加人工湿地面积、完善环境监察制度等措施综合防治热岛效应。

（二）全球变暖有多可怕？

自1979年日内瓦气候大会首次提出"全球变暖"以来，这个词逐渐为大众所熟悉。2018年7月，北极圈温度高达32℃，北极熊在快要融化的浮冰上找不到食物，面临着被饿死的风险。然而，受影响的不只是北极熊，还有北极麝香牛、北极狐、北极海鸟等，它们都可能受海冰面积减少影响而濒临灭绝。更令人不安的是，南极冰川融化的速度，一点儿也不比北极慢。因为南极冰川融化，南极企鹅的栖息地同样在以难以置信的速度减少着，企鹅赖以生存的食物磷虾因为水温上升越来越少……

值得注意的是，全球气候变暖危及的从来不只是南北极的动物

们，还有七大洲四大洋、地球上千千万万的生灵，亦包括人类自己。是什么原因让我们的地球越来越热了呢？

1. 温室效应和温室气体

温室有两个特点：温度较室外高，不易散热。玻璃育花房和蔬菜大棚就是典型的温室。使用玻璃或透明塑料薄膜来做温室，目的是让太阳光能够直接照射进温室，加热室内空气。而玻璃或透明塑料薄膜又可以不让室内的热空气向外散发，使室内的温度保持高于外界的状态，以提供有利于植物快速生长的条件。

大气中的水汽、臭氧、二氧化碳等气体，"允许"太阳短波辐射的穿透，使地球表面升温，但是却阻挡着地球表面向宇宙空间发射长波辐射，就像一层厚厚的玻璃，"玻璃层"允许太阳辐射能透过，阻止地面热量散发，致使地表温度上升，使地球变成了一个大暖房。由

于二氧化碳等气体的这一作用类似于栽培农作物的温室，故名温室效应（亦称花房效应），二氧化碳等气体则被称为"温室气体"。温室效应使有大气存在时地表的实际温度高于无大气存在时地表的平均温度，这是地球大气层的一种物理特性。

要了解温室效应的原理，需要先明确太阳辐射、地面辐射和大气辐射三者的差别和彼此的联系。人们发现物体的温度越高，辐射的波长就越短，反之则越长。因为地面的温度低于太阳的，大气的温度低于地面的，所以相比于太阳短波辐射，地面辐射和大气辐射属于长波辐射。由于大气对太阳辐射有削弱作用，使得到达地面的太阳辐射只有到达大气上界总量的47%。这47%的太阳辐射穿过了大气到达地面，而地面吸收了这部分的太阳辐射后增温，

同时向外辐射，将热量传递给大气。大气吸收地面辐射后温度升高，并向外释放出长波辐射。此时，大气辐射有两部分：一小部分向宇宙空间散失；另外一大部分向地面传递，被称为大气逆辐射，这部分辐射在一定程度上补偿了地

面辐射损失的热量。正是因为有了大气自然温室效应的存在，地球表面昼夜温差才不会太大，从而使地球成为人类赖以生存与发展的美丽家园。

温室效应源自温室气体。大气中重要的温室气体包括水蒸气（H_2O）、二氧化碳（CO_2）、臭氧（O_3）、氧化亚氮（N_2O）、甲烷（CH_4）、氢氟氯碳化合物类（CFCs，HFCs，HCFCs）、全氟碳化合物（PFCs）及六氟化硫（SF_6）等。水蒸气的存在是自然温室效应的主要诱因之一，其含量比CO_2和其他温室气体的总和还高许多。在中纬度地区晴朗天气水蒸气对温室效应的影响占60%～70%，CO_2仅占25%。由于水蒸气在大气中的含量相对稳定，因此科学家普遍认为大气中的水蒸气不直接受人类活动的影响。相反，大气中CO_2的浓度在持续上升，成为人们最关注的温室气体之一。除二氧化碳外，许多其他痕量气体也会产生温室效应，其中有的气体所产生的温室效应甚至比二氧化碳的还强。例如，每分子甲烷（CH_4）的吸热量是二氧化碳的21倍，氧化亚氮（N_2O）更高，是二氧化碳的270倍。

《京都议定书》中规定控制的6种温室气体分别为二氧化碳（CO_2）、甲烷（CH_4）、氧化亚氮（N_2O）、氢氟碳化合物（HFCs）、全氟碳化合物（PFCs）和六氟化硫（SF_6）。后三种都属于"氟化气体"，是合成的、具强效的温室气体，在各种工业过程中有排放。2008年，《联合国气候变化框架公约》（UNFCC）中将三氟化氮（NF_3）也添加到监管的气体之列，至此，被明确为需要控制的温室气体共有7种。我国现行国标《工业企业温室气体排放核算和报告通则》（GB/T 32150—2015）规定需要控制的温室气体包括上述7种，与国际标准一致。

地球大气对太阳辐射的削弱作用和对地面的保温作用，对地球本身而言，既降低了白天的最高气温，又提高了夜间的最低气温，形成适宜人类生存的温度环境。假若地球上没有这种天然的温室效应，地球上的季节温差和昼夜温差就会很大，地球表面的平均温度不会是适宜的15℃，而是十分寒冷的-18℃。如果地球上的温度如此低，是不适宜人类于此生存的，也就不会有今天的人类文明。因此，天然的温室效应对人类文明的发展具有重要的意义。既然如此，为什么科学家们又会把温室效应当作一个全球性的重大环境问题呢？

自工业革命以来，人类活动释放大量的温室气体，使得大气中温室气体的浓度急剧升高，造成大气的温室效应日益增强，科学家们把这种人为活动引起的温室效应称为"增强的温室效应"，这正是全球环境科学家们密切关注和担忧的温室效应。大气温室效应加剧导致全球气候变暖，引发一系列不可预测的全球性气候问题。

2. 温室效应加剧的原因

（1）温室气体排放量增加。当化石燃料燃烧时，它们会向空气中释放大量的二氧化碳。随着城市化、工业化、交通现代化、人口剧增，化石燃料大量消耗，排入大气的CO_2迅速增加，破坏了自然界正常的碳循环生态。政府间气候变化专门委员会（IPCC）发现，化石燃料的使用所产生的排放是全球变暖的主要原因。2018年，全球89%的二氧化碳排放量来自煤炭、石油等化石燃料的使用和工业过程。

（2）植被破坏，温室气体吸纳量降低。伐木毁林不仅会对生物多样性产生严重的负面影响，还可能对气候产生破坏性影响。其中一个主要原因是，全球森林是重要的碳汇，其可从大气中吸收二氧化碳并将其转化为氧气。占地球表面积6%～7%的森林所吸收的CO_2的量比占地球表面积70%的海洋还多1/4，进入大气中的CO_2约有2/3可被植物吸收。由于人们对植被的大量砍伐，地球上的森林，特别是热带雨林的面积急剧减少，对CO_2的吸收能力大大降低，导致大气中CO_2浓度日趋升高。据估计，在人类大规模砍伐和焚烧森林的行为背景影响下，每年有超过15亿吨的二氧化碳被释放到大气中。

3. 温室效应的影响

自工业革命以来，人类向大气中排入的二氧化碳等温室气体逐年增加，大气的温室效应也随之增强，已引起全球变暖等一系列严重问题。

（1）全球变暖。随着温室效应不断加剧，全球温度也逐年持续升高，尤其是在南极地区发现有区域环境温度达到20.75℃后，这种变化更让人感到担忧。气候变化带来的极端气候事件频发、物种灭绝、海平面上升、农作物减产等重大风险，严重威胁着人类的生存和可持续发展。

一般而言，全球变暖呈现较大的区域差异，高纬度地区的增温大于低纬地区，陆地变暖比海洋明显。目前，尽管科研人员们对增温幅度的预测不尽相同，但可以肯定的是，如果不加以控制，未来全球气温将呈现出不断走高的趋势，届时就会出现冬暖花开而

现在是冬天还是春天？

"熊出没"提前上演的情形。

（2）海平面上升。已有大量实测数据证实，全球气候变暖，海水膨胀、冰川和冰冠融化，将导致海平面不断上升。海平面升高将直接给人类带来不可预估的灾难，特别是世界上一些低海拔地区，有被海水淹没、饮用水受污染的风险。同时，海平面上升也是一种缓发性的自然灾害，往往导致海岸线后退、海堤受损、农田盐碱化，威胁着人类的生存与经济发展。

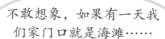

不敢想象，如果有一天我们家门口就是海滩……

目前，海平面上升已开始影响太平洋岛国的生存。南极蕴藏着全世界90%的淡水资源，如果南极冰川融化1%，全世界海平面就会上升0.6 m，一旦其全部融化，海平面将升高50～60 m。中国的珠江三角洲、印度、孟加拉国、越南和一些太平洋岛屿国家和地区将面临最为严重的威胁。

（3）气候带北移，引发生态问题。全球气温升高，北半球气候带将北移，若物种迁移适应速度落后于环境的变化速度，则该物种将可能濒于灭绝。

全球变暖情况下，地球病虫分布区扩大、生长季加长、繁殖

代数将增加，一年中危害期将延长，从而从整体上加重了农林灾害。

整个热带地区乃至温带地区将可能变成荒漠，特别是在北半球，只有那些能够得到海洋水汽滋润的地方，才会有一些不惧炎热的生物有希望生存下来。

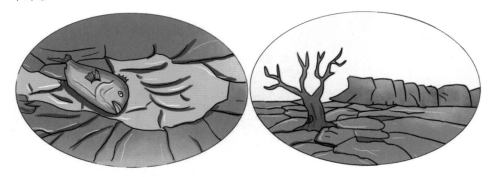

（4）加重区域性自然灾害。除了让地球更热，气候变暖更大的危机在于加大海洋和陆地的蒸发速度，改变降水量和降水频率在时间和空间上的分配，使得极端天气频现，引发巨大自然灾害。具体表现为缺水地区降水和地表径流减少，地区旱灾和土地荒漠化的速度加快；热带地区降水量增大，洪涝灾害的发生加剧；局部地区气候异常，自然灾害加重。

干旱地区更加干旱

多雨地区雨水更多

（5）危害人类健康。温室效应导致极热天气出现频率增加，使人类心血管和呼吸系统疾病的发病率上升，同时还会促进流行性疾病的传播和扩散，威胁人类健康。

联合国于2007年2月2日在巴黎公布的一份报告，向人类发出了迄今为止最严厉的警告。报告称，如果人类像在冷水里慢慢被加热的青蛙一样，对日益升高的全球气温继续熟视无睹的话，我们生存的地球将以更快的速度变热，而大自然也将遭受无法挽回的破坏。

气温上升加剧雾霾天气，让人无法呼吸。

4. 温室效应的综合防治

要避免"温室地球"的出现，需要全盘调整人类与地球的关系。人类当然不会坐以待毙，应对温室效应的策略在过去30年里被反复讨论，目前主要思路有控制碳

排放量、增强或者创造碳汇、发展碳捕集和封存技术等。以下介绍综合防范温室效应的相关具体做法。

（1）控制温室气体的排放。减少温室气体向大气中的排放量是减缓温室效应最直接的方法。人类的任何活动都有可能造成碳排放，各种燃油、燃气、石蜡、煤炭、天然气在使用过程中都会产生大量二氧化碳，城市运转、日常生活、交通运输也会排放大量二氧化碳。买一件衣服、消费一瓶水，甚至外卖点餐，都会在相应的生产和运输过程中产生碳排放。

工业作为碳排放第一大来源，工业企业低碳转型是减排的重中之重，除了使用可再生能源电力，企业还需要通过改进生产技术以减少耗能。

暂时难以实现减排目标的企业可以开展碳交易，以保证人类实现总体减排目标。

（2）加强对二氧化碳固定技术即"固碳"的研究。所谓固碳，也叫碳封存，是指增加除大气之外的碳库碳含量的措施。固碳能够将多余的碳封存起来，使其不被排放到大气中。

碳排放初始配额分配量

短缺配额

富余配额

碳交易

无论是降低化石能源在使用过程中的碳排放，还是研究用非碳能源进行替代，都属于从排放端来探讨如何减排。然而，人类总要排放碳，除去那些不得不排放的二氧化碳，还需要通过生态建设，土壤固碳，碳捕获、利用与封存等工程及技术，在固碳端发力。

①保护森林资源，植树造林，有效提高植物对CO_2的吸收量。花草树木，不单单是美丽的人间风景，也是勤勉的"固碳小能手"。陆地生态系统通过植被的光合作用吸收大气中的大量二氧化碳，并释放氧气。利用陆地生态系统固碳，是减缓大气二氧化碳浓度升高速度最为经济可行和环境友好的途径。因此，如何提高陆地生态系统碳储量和固碳能力，既是全球气候变化研究的热点领域，也是国际社会广泛关注的焦点。森林作为陆地生态系统的主体，不仅是"碳汇"，也是陆地上最大的"碳库"，在调节气候、缓解全球变暖方面发挥着重要的作用。通过植树造林、森林管理、植被恢复等措施，

一公顷阔叶林一天就能"捕集"一吨二氧化碳！

利用植物光合作用吸收大气中的二氧化碳，并将其固定在植被和土壤中，可有效降低温室气体在大气中的浓度。

②发展碳捕集与封存技术，加强对化石燃料排放的二氧化碳的资源化利用。虽然植物吸收具有很好的可持续性，但其时效性较弱，难以在短时间内遏制强劲的二氧化碳增加趋势，尤其是面对工厂集中排放的高浓度CO_2。通过工程干预进行碳捕集的思路便应运而生。当前碳捕集技术的核心目的是将人类活动产生的二氧化碳收集起来，加以封存甚至利用，避免其排放到大气中。主要技术方向有碳捕集与封存，碳捕集、利用与封存等。

碳捕集与封存（carbon capture and storage，CCS），即从人类工业生产或单纯的化石燃料燃烧的尾气中分离出二氧化碳，将其封存起来从而不进入大气。二氧化碳封存的方法有许多种，一般说来可分为地质封存（geological storage）和海洋封存（ocean storage）两类。地质封存是指将超临界状态（气态及液态的混合体）的CO_2注入地质结构中，这些地质结构可以是废弃的油田、气田、咸水层、无法开采的煤矿等。海洋封存是指将CO_2通过轮船或管道运输到深海海底进行封存。

CO₂地质封存和海洋封存

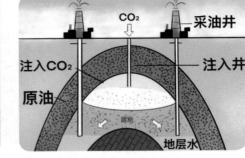

CO₂驱油与封存

碳捕集、利用与封存技术（carbon capture, utilization and storage, CCUS）是CCS技术新的发展趋势，即把生产过程中排放的二氧化碳进行提纯，继而投入到新的生产过程中，可以循环再利用，而不是简单地封存。与CCS相比，CCUS可以将二氧化碳作为资源再次利用，既能产生经济效益，也具有环保效益。CCUS技术对二氧化碳大型排放源所排放的二氧化碳进行捕集后投入工业应用（如食品加工、离岸驱油及生产化学产品等），可有效缓解温室效应，被认为是未来大规模减少温室气体排放、减缓全球变暖可行的方法。

（3）适应气候变化的对策

人类适应气候变化的对策包括：培育农林作物新品种，调整农业生产结构；规划防止海岸侵蚀的工程；加强对温室效应和全球变暖机理的了解及其对自然界和人类的影响的相关研究；加强环境保护的宣传教育等。

最后，应对气候变化是一个全球性公共问题。地球大气资源具有公共物品属性，气候变化影响和治理均是全球性的挑战，依靠单一国家的努力难以有效应对，需要世界各国主动承担其责任，并互相合作、联合行动。自20世纪80年代末期以来，联合国已组织召开了多次国际会议，形成了两个最重要的决议——《联合国气候变化框架公约》和《京都议定书》。

政府间气候变化专门委员会（IPCC）的评估报告确立了气候变化科学上的共识，成为推动国际气候谈判的科学基础。2018年，IPCC发布的《全球升温1.5℃特别报告》指出，实现1.5℃的温升控制目标将有望避免气候变化给人类社会和自然生态系统造成不可逆转的负面影响，而这需要各国的共同努力，力争在2030年实现全球人为CO_2净排放量比2010年减少约45%，在2050年左右实现全球人为CO_2净排放量达到净零。

在巴黎举行的第21届缔约方大会（COP21）上，《巴黎协定》得以达成，并确定了一项目标，即到21世纪末，将全球平均温升保持在相对于工业化前水平2℃以内，并为全球平均温升控制在1.5℃以内付出努力，以降低气候变化的风险与影响。《巴黎协定》通过国家自主贡献的方法建立了新的气候治理体制，在此背景下，多国已通过法律规定、政策宣示等方式明确了碳中和目标。2020年，中国宣布将采取更加有力的政策和措施，使二氧化碳排放于2030年前达到峰值，努力争取2060年前实现碳中和。我国的"双碳"战略（"碳达峰"和"碳中和"）也是对全球合作的一次重要响应。

什么是碳达峰和碳中和？

当年度碳排放量不再增加，且已达到峰值，就叫碳达峰。碳达峰是二氧化碳排放量由增转降的历史拐点，年度二氧化碳排放量达到历史最高值之后，经历平台期，进入持续下降的过程。

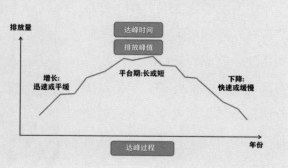

某个地区在一定时间内（一般指一年）人为活动直接和间接排放的二氧化碳，与其通过植树造林等吸收的二氧化碳相互抵消，实现二氧化碳"净零排放"，即吸收量等于排放量，这就是碳中和。

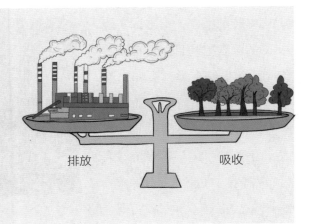

排放　　　　　吸收

（三）湿地——人类健康的未来

湿地是陆地与水体的过渡地带，富含水分，地表温润，同时兼具丰富的陆生和水生动植物资源，为地球20%的生物物种提供了生存环境，与森林、海洋一起成为地球的三大生态系统。根据《湿地公约》，湿地是指天然的或人工的、长久的或暂时的沼泽地、湿原、泥炭地或水域地带，拥有静止的或流动的水体，或为淡水、微咸水或咸水的水体者，包括低潮时水深不超过6 m的浅海区域。按此定义，湿地包括湖泊、河流、沼泽（森林沼泽、藓类沼泽和草本沼泽）、滩地（河滩、湖滩和沿海滩涂）、盐湖、盐沼，海岸带区域的珊瑚礁、海草区、红树林和河口等自然湿地，以及水库、稻田等人工湿地。

1. 湿地分类

湿地可分为天然湿地和人工湿地两大类。

中国的湿地类型多样，分布广泛。从寒温带到热带，从平原到山地、高原，从沿海到内陆都有湿地发育。根据2013年第二次全国湿地资源调查结果，我国湿地总面积达5360.26万公顷，其中自然湿地4667.47万公顷，人工湿

地674.59万公顷。自然湿地又分近海与海岸湿地、沼泽湿地、湖泊湿地和河流湿地四种类型，我国相应类型湿地的面积分别为579.59万公顷、2173.29万公顷、859.38万公顷和1055.21万公顷。

天然湿地是处于水陆相交接处的复杂生态系统，而人工湿地（constructed wetland，CW）则是以处理污水为目的而人为设计建造的。工程化的湿地系统，是近些年出现的一种新型的水处理技术，具有投资成本相对较低、能耗低、维护简便、脱氮除磷效果好、病原微生物去除率高等优点。人工湿地还可与水景观建设有机结合，在净化污水的同时又能美化环境。

人工湿地一般由土壤（或人工填料，如沙粒、碎石等）和生长在其上的水生植物（如芦苇等）组成，是一个独特的"土壤-植物-微生物"生态系统。人工湿地在对废水的处理方面综合了物理、化学和生物三方面的作用。湿地系统成熟后，填料表面和植物根系将在大量微生物的生长的基础上而形成生物膜。废水流经生物膜时，大量的悬浮物被填料和植物根系阻挡截留，有机污染物则经生物膜吸收、同化及异化作用而被去除。湿地系统中因植物根系对氧的传递释放，其周围的环境中依次出现好氧、缺氧、厌氧状态，而且还可以通过硝化、反硝化作用将其除去，最后湿地系统通过更换填料或收割栽种植物而将污染物最终除去。

2. 湿地的生态服务功能

湿地是地球上水陆相互作用形成的独特生态系统，是生命体重要的生存环境和自然界最富生物多样性的景观之一，在抵御洪水、调节径流、补充地下水、改善气候、控制污染、美化环境和维护区域生态平衡等方面有着其他系统所不能替代的重要地位。

1）天然蓄水池

湿地里的水很多，一部分水会积存在湿地地表，还有大量的水储存在植物体内、土壤的泥炭层和草根层中，因此人们把湿地称为"天然蓄水池"或"生物蓄水库"。

沼泽湿地土壤亦具有特殊的水文物理性质，土壤中草根层和泥炭层孔隙度达72%～93%，饱和持水量可达500～10 000 g/kg，甚至更高，每公顷沼泽湿地可蓄存2 000～15 000 m³水量。

2）生命的摇篮

湿地是陆地与水体的过渡地带，因此它同时兼具丰富的陆生和水生动植物资源，形成了其他任何单一生态系统都无法比拟的天然基因库和独特的生境。40%的物种在湿地生存繁殖，湿地对于保护生物多样性具有难以替代的生态价值。

（1）水禽栖息地。许多鸟类都喜欢湿地环境，特别是水禽将湿地作为其主要活动场所，其中有的是珍贵或有经济价值的鸟类。很多珍稀水禽的繁殖和迁徙离不开湿地，因此湿地也被称为"鸟类的乐园"。

（2）鱼类产卵和索饵场。湿地水网密布，水系发达，水生植物繁茂，饵类生物极为丰富，为众多鱼类的产卵及索饵提供了优良条件。例如，我国三江平原湿地是西北太平洋许多珍贵鱼类（鳇鱼、大马哈鱼、鲟鱼等）重要的产卵和繁殖场所。

（3）高度的生物多样性。湿地也可称为"生物超市"，它具有高度的生物多样性。我国湿地类型多样、面积大、生境独特，决定了其具有生物多样性富集的特点。据2001年国家林业和草原局初步统计，我国湿地系统内有

高等植物2 276种，野生动物（包括哺乳类、鸟类、爬行类、两栖类、鱼类）2 000多种，湿地中的鸟类约占全国已知鸟类总数的1/3，湿地鱼类1 040种，占全国已知鱼类的1/3。沼泽中还有许多珍稀、濒危的动物和植物。

（4）重要的物种基因库。湿地是物种最丰富的地区。如以湿地植物密度表示生物多样性的丰富程度，则湿地植物密度为每平方千米0.00 56种，是我国植物密度（每平方千米0.00 28种）的2倍。我国有6个省（自治区）分布有野生稻，其种内遗传多样性丰富，袁隆平院士利用海南湿地的野生稻雄性不高系培育成水稻三系（不育系、保持系、恢复系），开创大面积杂交水稻，使其产量显著增加，而且降低了制种成本。

（5）人类生存的家园。湿地是人类赖以生存的家园。早在远古时代，人类就逐水而居，依赖湿地从事生产生活活动，孕育了光辉灿烂的古代文明。即使是在发达的工业化社会，人类仍然离不开湿地。湿地为人类提供食物来源、工业原料、药材、燃料等，还能够为旅游、航运等服务提供条件。湿地还为无数文人、墨客提供了创作灵感和艺术素材，也是许多传统文化和宗教的圣地。

3）碳汇和碳源

湿地是一种比较活跃的生态系统类型，它与陆地、大气圈、水圈作用的绝大部分生物地球化学通量有关。湿地碳循环过程受所处环境气候条件及人类活动的影响。

湿地，特别是泥炭地，常储存着大量的碳，因此说湿地是"碳汇"。目前，全球泥炭地占地球陆地面积3%，储存了陆地上1/3的碳，是全球森林碳储总量的2倍。以泥炭地为主的湿地是最高效的碳汇，对抑制大气中CO_2含量

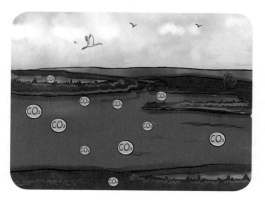

的上升和缓解全球变暖具有重要意义。

同时，湿地又是温室气体的重要释放源。湿地中有机残体的分解过程将产生CO_2和CH_4。全球天然湿地每年释放的CH_4为10～20亿吨，全球水稻田每年甲烷的释放量为2～15亿吨，分别占全球CH_4总释放量的22%和11%。

特别地，当湿地遭到破坏，被安全封锁在土壤中的碳将被释放到大气中，进而将加剧全球变暖进程。例如，如果湿地被排水疏干或者环境温度升高、降雨减少，湿地土壤水分将减少，土壤环境由厌氧环境变成好氧环境，土壤中微生物活力增强，加速了泥炭或草根层的分解，增加了向大气CO_2的净释放量。又如，如果泥炭被开采并作为燃料燃烧，泥炭中积累的大量碳将迅速被氧化，使几千或上万年来由大气中CO_2形成的有机物质重新以CO_2形式返回到大气中，这时泥炭沼泽湿地就变成了"碳源"。

湿地的消长会影响大气中温室气体含量的变化，进而影响全球气候变化的态势与速度。在当前全球森林资源总量不断减少、工业减排仍将持续面临巨大压力的情况下，发挥湿地调节气候功能显得尤为重要。

4）调蓄洪水

湿地在蓄水、调节河川径流、补给地下水和维持区域水平衡中发挥着重要作用，是蓄水防洪的天然"海绵"，在时空上参与分配不均的降水。通过湿地的吞吐调节，可避免水旱灾害。比如洪水来临时，湿地表面被水淹没，底层土壤充分吸收水分，使得湿地容纳大量的水；而干旱的时候，湿地保存的水分就会流出，成为水源，为周围河流和地下水提供补给。如七里海湿地是天津滨海平原重要的蓄滞洪区，安全蓄洪深度为3.5～4 m，在防灾减灾方面发挥着重要作用。而"山随平野尽，江入大荒流"亦是描述长江在洪水季节两岸湖泊和沼泽连为一体，将洪峰消弭于无形的景象。

5）调节区域气候

由于水的热容量小于地面，吸热和放热速度都较慢，湿地上方气温变化较为缓和，同时湿地通过水平方向的热量和水汽交换，使其周围的局地气候具备温和湿润的特点，因此湿地亦被誉为"天然空调器和加湿器"。

6）净化水质

湿地具有很强的降解和转化污染物的能力，以至于世界许多地方都通过建立人工湿地来净化污水。与河流相比，湿地的水流速度缓慢，当生活污水、工业废水

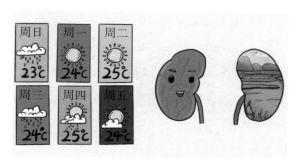

以及农业污水进入湿地后，有毒、有害物质就会在植物、微生物和基质的协同作用下被除去，从而实现水源的有效净化，改善水质。

人体的肾脏有着调节人体水分循环及排泄新陈代谢废物的作用，而湿地除了保护生物多样性外，亦可起到调节径流、改善水质、调节气候等多方面作用，这与人体的肾脏功能类似，因此被称作"地球之肾"。

7）保护海岸及控制侵蚀

由于自身植被的根系和表面上堆积的植物残体对海岸具有强大固着作用，河口、海岸湿地于一定程度上可以削弱海浪、水流的冲力和沉降沉积物。因此海岸湿地系统中如盐沼、红树林、海草床和珊瑚礁等物，对周围环境起着减震器的作用，如同海滨长城一样保护海岸、控制侵蚀。特别是红树林，分布在热带—亚热带沿海滩涂或河口的一种特殊的湿地生态系统，被誉为"消浪先锋""海岸卫士"。

3. 湿地保护

湿地生态系统是一个动态系统，它像自然界的任何事物一样，永远处于不断运动和变化的状态。生态系统退化是系统内组分及其相互作用过程发生的不良变化，是系统的逆向演替，从而导致其功能的退化和系统的不稳定。

湿地在面积丧失和景观破碎化加剧的同时，由于水源补给的减少和水质恶化，亦发生不良变化，表现在湿地资源衰退、湿地功能弱化或消失等方面。此外，湿地被开垦与改造、污染，湿地系统中生物资源被过度利用、出现泥沙淤积和水资源被不合理利用等，导致湿地不断退化和消失，生物多样性锐减，水土流失加剧，水旱灾害频繁，造成巨大的经济损失，甚至威胁到人类的健康和生命。

自1992年加入《湿地公约》以来，我国积极应对湿地面积减少、生态功能退化等全球性的生态挑战，不断加大立法保护、科研监制、科普宣传、国际合作等工作的力度，以占全球4%的湿地，承载着世界1/5人口对湿地的多种需求，走出了一条可持续发展的湿地保护道路。2022年6月1日，《中华人民共和国湿地保护法》开始实行。这是我国首次专门针对湿地保护进行立法，标志着我国湿地保护开启了法治化新篇章。

中国湿地保护大事记（1992—2022）

1992年，我国政府加入了《关于特别是作为水禽栖息地的国际重要湿地公约》（简称《湿地公约》），这是一个重要里程碑，推动了中国湿地保护的进程。

1994年，我国政府将"中国湿地保护与合理利用"项目纳入《中国21世纪议程》优先项目计划，把我国的湿地保护工作提到了优先发展的位置。

2000年，《中国湿地保护行动计划》开始实施，成为我国实施湿地保护、管理和可持续利用的行动指南。

2003年，经国务院批准，国家林业和草原局公布了《全国湿地保护工程规划》（2002—2030年）。

2004年，国务院办公厅发出《关于加强湿地保护管理的通知》，这是我国政府首次明文规范湿地保护和管理工作。

2004年，湿地国际（Wetlands International）授予中国国家林业和草原局"全球湿地保护与合理利用杰出成就奖"，中国湿地保护的成就获得了国际社会的普遍认可。

2005年，国家林业和草原局会同国家发改委、财政部、生态环境部、水利部等10个部门共同编制的《全国湿地保护工程实施规划（2005—2010年）》获国务院批准。

2012年，《全国湿地保护工程"十二五"实施规划》获国务院批准。

2017年，国家林业和草原局会同国家发展改革委、财政部等相关部门联合印发了《全国湿地保护"十三五"实施规划》，这是我国湿地从"抢救性保护"进入"全面保护"新阶段的第一个全国性专门规划。

2021年，中华人民共和国第十三届全国人民代表大会常务委员会第三十二次会议通过《中华人民共和国湿地保护法》，该法自2022年6月1日起施行。《中华人民共和国湿地保护法》是为了加强湿地保护、维护湿地生态功能及生物多样性、保障生态安全、促进生态文明建设、实现人与自然和谐共生而制定的法律。

2022年，国家林业和草原局、自然资源部联合印发《全国湿地保护规划（2022—2030年）》，该规划明确了未来一段时间中国保护湿地的目标任务，并提出将实施30个湿地保护修复项目。

中国还与国际社会开展了广泛的交流与合作，参加了有关国际公约，并与许多周边国家和地区签订了一系列有关湿地保护的协议或协定。通过国际合作增加了湿地保护的资金投入，国外许多先进技术和管理方法在中国湿地保护工作中得到了应用，促进了中国湿地保护事业的发展。

此外，为了提高全社会的湿地保护意识，有关部门及组织开展了多种形式的宣传教育活动，大力宣传湿地的功能效益和湿地保护的重要意义。利用"世界湿地日""爱鸟周"和"野生动物保护月"等时机，积极组织开展多种形式的宣传活动；编辑出版大量有关宣传保护湿地的书籍、画册、电影以及录像片；在鄱阳湖、拉什海等地点建设了区域湿地保护宣教中心，把宣教中心与湿地保护区野外观摩结合起来，通过宣传教育，推动全社会形成关注湿地、保护湿地的热潮。

近年来，国家教育部在中小学教材中增加了湿地保护的有关内容，培养青少年的生态环境保护意识；在高等院校设置了与湿地相关的专业。政府及有关部门多次举办培训班和讲习班，大大提高了专业技术人员和管理人员的湿地知识水平和管理技能。2003年9月，北京湿地学校在杨镇一中正式成立，这是国内第一所湿地学校，成为北京市中小学生、教师和公众的湿地科普教育基地。此外，"湿地使者行动"由世界自然基金会和中国青年报社于2001年发起，行动中，来自各高校环保社团的湿地使者向社会各界传播与宣传湿地保护知识，使得该行动得到了社会的普遍认可和关注，吸引了越来越多的志愿者参与。

保护湿地，人人有责！如今，我国已进入全面保护湿地的新征程，从国家到地方，湿地保护的力度在不断加强，在湿地调查和研究、立法和规划、自然保护区建设、湿地恢复重建、国际合作和宣传教育等方面我们亦已取得了不少显著成就。

世界湿地日

　　1971年2月2日，旨在保护和合理利用全球湿地的公约——《关于特别是作为水禽栖息地的国际重要湿地公约》（简称《湿地公约》）在伊朗拉姆萨尔签署。《湿地公约》于1975年12月21日正式生效，是全球第一个环境公约。《湿地公约》的初衷是为保护水禽，主要通过各缔约方为保护水禽栖息地而共同付出努力来实现，后来逐步拓展到了整个湿地生态系统。为了提高公众的湿地意识，1996年10月《湿地公约》常务委员会第19次会议决定，从1997年起将每年的2月2日定为"世界湿地日"，并规定每年都确定一个不同的主题。这一天，政府机构组织和公民将采取各种活动来提高公众对湿地价值和效益的认识，从而更好地保护湿地。

（四）低碳生活你我他

　　事实上，碳排放和我们每天的衣食住行息息相关。所有的燃烧过程（人为的、自然的）都会产生二氧化碳，比如简单的烧火做饭，有机物分解、发酵、腐烂、变质的过程等都会产生二氧化碳。"低碳"意指较低（更低）的温室气体（以二氧化碳为主）的排放。低碳生活可以理解为低能量、低消耗、低开支的生活方式。要想实现全球碳中和目标，需要全世界各国做出更多改变，我们也可以从身边的小事做起。

　　1. 衣

　　少买不必要的衣服，做到"够穿就行"，减少资源浪费。

　　2. 食

　　①消费当地食物，可以间接减少运输能耗，减少碳排放。低碳饮

食的方式宗旨是："少吃肉、多吃果蔬，多吃本地、应季的果蔬，保证营养全面均衡。"

　　②尽量在家烹煮食物，外出吃饭时点餐分量合适，吃不完的则打包回家。光盘行动，从我做起。

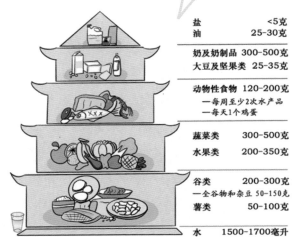

均衡膳食"金字塔"，你吃对了吗？

盐	<5克
油	25-30克
奶及奶制品	300-500克
大豆及坚果类	25-35克
动物性食物	120-200克
—每周至少2次水产品	
—每天1个鸡蛋	
蔬菜类	300-500克
水果类	200-350克
谷类	200-300克
—全谷物和杂豆	50-150克
薯类	50-100克
水	1500-1700毫升

中国居民平衡膳食宝塔（2022）

一粥一饭，当思来之不易。

光盘行动

　　③外出就餐时尽量自带餐具，少用或不用一次性餐具。

3. 住

①节约水资源和电能源。

②生活垃圾分类处理。

③外出购物时使用环保购物袋。

> 一个塑料袋，也许只会被使用一次，也许使用时间只有几十分钟或几小时，之后就被丢弃。但这种易被忽略的一次性消费品，却有着难以想象的超长寿命——据估计，一个塑料袋要完全降解，需要花费100～500年。

算一算

选择非电动牙刷，可少排放近48克的二氧化碳。

烤面包机代替烤箱，可少排放近170克的二氧化碳。

 节能灯代替60瓦灯泡，可以少排放4/5的二氧化碳。

 下班随手关闭电脑以代替待机，可以少排放1/3的二氧化碳。

4. 行

①短途出行尽量骑自行车或步行。 ②距离目的地较远时，可选择乘坐公共交通工具出行。

低碳生活代表着更健康、更自然、更安全，其鼓励着人类以返璞归真的方式去开展人与自然相关联的活动。当今社会，随着人类经济的发展、生活物质条件的提高，人类周围环境也引发了一系列的改变。对于普通人来说，低碳生活既是一种生活方式，同时更是一种具有可持续发展意义的环保责任。